PROMENADE

D'UN

ÉTRANGER A AIX

Description des Principaux Monuments
Objets d'Art
Eglises, Fontaines, Musée
Institutions Libres et de l'Etat
Ecole d'Arts-et-Métiers, Etablissement Thermal
Renseignements Généraux, etc,

PRÉCÉDÉE

De l'Histoire Civile

ET DE

L'Histoire Religieuse de la ville d'Aix

PUBLIÉE

PAR A. M. DE LA TOUR - KEYRIÉ

Avec le concours de plusieurs Collaborateurs

AIX
ACHILLE MAKAIRE, IMPRIMEUR - LIBRAIRE
2, rue Thiers, 2

1885

EN VENTE A LA LIBRAIRIE A. MAKAIRE. RUE THIERS, 2. AI..

NOTRE MÉTROPOLE ou monographie historiqu et descriptive de la **Basilique Métropolitaine Saint Sauveur d'Aix**, par l'abbé J. MILLE, chanoine, vicaire d la Métropole.

Division de l'ouvrage :

Partie historique : La Sainte Chapelle ; l'Eglise Romane ; l'Eglise Gothique ; Evénements mémorables de l'Histoire de notre Métropole ; Usages particuliers de notre Métropole.

Partie descriptive : La Façade, les Portes et la Tour ; la nef du Corpus Domini ; la Grande Nef ; la nef de Notre-Dame d'Espérance ; le Cloître.

1 vol. in-12. Prix : 2 fr. 50

RECUEIL DE PROVERBES, Maximes, Sentences et Dictons Provençaux, précédés d'une notice sur leurs origines, ainsi que de la description des armoiries de la Provence et de la ville d'Aix, par A. M. DE LA TOUR-KEYRIÉ.

Titres des Chapitres.—Origines des proverbes ; comment se font les proverbes ; l'orthographe des proverbes.

Division des Proverbes. — Amis ; Amour ; Animaux ; Avares ; Bons mots ; Boire et manger ; Chasse et Pêche ; Conseils ; Débiteurs et Créanciers ; Dissipateurs, joueurs, ivrognes ; Enfants ; Femmes ; Filles ; Gourmands ; Historiques ; Habits ; Chaussures, Toilette et Barbe ; Lune ; Montre solaire ; Militaires, Maîtres, Domestiques et Valets ; Malheureux, Mois et Jours ; Maris, Pères, Mères ; Médecine et Médecins ; Niais ; Or et Argent ; Orgueilleux ; Professions ; Cultivateurs et Ouvriers ; Philosophes ; Paresseux ; Peureux ; Procès ; Procureurs ; Riches et Pauvres ; Religion ; Le Temps ; Trompeurs ; Vaniteux ; Vin ; Voleurs ; Proverbes divers.

Les personnes étrangères à la Provence trouveront dans ce travail la traduction française des mots les plus usités dans la langue provençale.

Une forte brochure in-8·. Prix 3 fr.

HISTOIRE ET DESCRIPTION
DE LA
VILLE D'AIX

I

EN VENTE A LA MÊME LIBRAIRIE

HISTOIRE NATURELLE D'AIX

FLORE D'AIX-EN-PROVENCE, ou Catalogue des *Plantes vasculaires* qui croissent naturellement dans les environs d'Aix, par Amédée de Fonvert et J. Achintre, 2me édition.

Cette nouvelle édition contient la description de 200 plantes ajoutées à la première édition. Les recherches pour trouver l'ordre qu'elles occupent dans la science sont très faciles, le nom latin du genre et suivi du nom français, il y a aussi le nom vulgaire et le nom provençal. Les lieux où on les trouve, l'époque de leur floraison, etc.

1 vol. in-12. Prix : 2 fr. 50

APERÇU GÉOLOGIQUE

DU TERROIR

D'AIX - EN - PROVENCE

Géognosie. – Histoire des travaux, détails stratigraphiques et paléontologiques, par le marquis de Saporta, correspondant de l'Institut, chevalier de la Légion d'Honneur.

1 vol. in-12. Prix : 1 fr.

PROMENADE

D'UN

ÉTRANGER A AIX

Description des Principaux Monuments
Objets d'Art
Eglises, Fontaines, Musée
Institutions Libres et de l'Etat
Ecole d'Arts-et-Métiers, Etablissement Thermal
Renseignements Généraux, etc,

PRÉCÉDÉE

De l'Histoire Civile

ET DE

L'Histoire Religieuse de la ville d'Aix

PUBLIÉE

PAR A. M. DE LA TOUR - KEYRIÉ

Avec le concours de plusieurs Collaborateurs

AIX
ACHILLE MAKAIRE, IMPRIMEUR - LIBRAIRE
2, rue Thiers, 2

1865

APERÇU HISTORIQUE

SUR

LA VILLE D'AIX

I.—De la Fondation de la ville d'Aix à la domination des Comtes de Provence

C'est de l'an 123 avant Jésus-Christ que date réellement la fondation par les Romains de la ville d'Aix, bien que longtemps avant l'invasion romaine le territoire ait été occupé par une peuplade connue sous le nom de *Salyes* ou de *Salyens* laquelle n'était qu'une tribu de la population *Cello-Lygienne* ou *Gallo-Ligurienne* établie sur les côtes de la Gaule méditerranéenne depuis le Rhône jusqu'aux Alpes maritimes. La cité des Salyens était, selon les uns, sur l'emplacement occupé aujourd'hui par l'église de *Notre-Dame de la Seds*, et d'après les autres, avec plus de probabilité, sur la colline d'*Entremont* qui domine au nord la ville d'Aix ; c'est là en effet que dorment encore à l'heure présente, de leur dernier sommeil, bien plus sous le soleil, le vent et la pluie que sous la neige, les restes d'une cité des plus anciennes. Cette forte position a joué de tout temps un rôle assez considérable, notamment dans les hostilités du Moyen-Age et les guerres civiles de la Ligue.

Les Salyens d'origine Celtique étaient adorateurs de *Theutatès* ; ils avaient, dit-on, conservé la croyance de l'unité d'un Dieu et faisaient des sacrifices humains sous la pression des *Druides* qui exerçaient une grande influence sur la population. Les prêtres chargés des sacrifices employaient divers moyens aussi barbares les uns que les autres pour être agréables à leur Dieu ; ils égorgeaient leurs victimes en laissant couler le sang sur leur tunique ou en les enfermant dans des idoles d'osier entourées de foin auquel ils mettaient le feu. Le costume des Salyens était des *bracca*, genre de culottes larges et courtes, et le *sagum* peau de mouton ou de bête fauve qu'ils portaient fièrement sur leurs épaules. Ils avaient la barbe et les cheveux longs; leurs boucliers étaient en osier recouverts de peau ainsi que leurs casques ; les chefs portaient des anneaux et des hausse-cols de pierre.

C'étaient encore les Druides qui rendaient la justice et instruisaient la jeunesse, ils possédaient le secret des plantes ; au combat ils excitaient les guerriers en chantant les exploits de leurs ancêtres. C'est ainsi qu'ils tinrent pendant longtemps en échec les Phocéens, lesquels finirent par s'établir à *Marseille* vers l'an 599 avant notre ère. Ceux-ci construisirent une citadelle, ils entourèrent la ville de murailles et se livrèrent avec ardeur à la pêche, à la culture de la vigne et de l'amandier qu'ils avaient apportés de l'Asie-Mineure. Les Salyens, au contraire, ne se nourrissaient que de leur chasse, l'agriculture leur était tout-à-fait inconnue et ils ne virent pas sans jalousie la prospérité de la colonie naissante. Ils craignirent que par la suite elle ne vînt à dominer toute la contrée ; aussi, s'étant alliés avec quelques peuples voisins ils résolurent d'attaquer *Mazza* (Marseille).

Trop faibles pour résister à des ennemis aussi hardis, les *Massaliotes* appelèrent à leurs secours les Romains avec lesquels ils étaient en rapport pour leur commerce. Rome ne manqua pas une aussi belle occasion d'étendre sa domination elle envoya le consul Fulvius Flaccus à la tête d'une armée qui fut d'abord victorieuse; mais les Salyens s'étant de nouveau révoltés, le consul Quintus Opimus, accourut et les soumit une seconde fois. Ils ne furent définitivement vaincus que par le proconsul Sextius Calvinus. Celui-ci battit Teutomal le roi des Salyens, prit la ville, vendit une partie des habitants et obligea les autres à se fixer à l'*Oppidum* ou poste militaire qu'il établit au lieu de sa victoire. Il l'appela **Aquæ-Sextiæ** des eaux thermales qui s'y trouvaient et de son propre nom (123 ans avant J.-C.). Ce fut le premier établissement des Romains dans la Gaule Transalpine et dans la *Province Romaine* en particulier d'où est venu le nom de **Provence**.

Bientôt de nombreuses habitations se groupèrent autour de la citadelle. Les Romains attirés par les eaux thermales vinrent en grand nombre dans cette ville. On sait avec quelle habileté Rome savait coloniser ses nouvelles conquêtes; Aquæ-Sextiæ fut embellie de monuments de tous genres dont malheureusement il ne reste guère de traces aujourd'hui; elle ne tarda pas à avoir son capitole, son forum, ses temples et ses théâtres comme les principales villes d'Italie. Elle fut dotée d'une magistrature particulière; la ville devint encore le siège d'un préteur, d'un corps de décurions ou sénat, de questeurs, d'un vice-duumvir, magistrat considérable, qui avait dans la colonie la même autorité que les consuls de Rome. De plus les citoyens d'Aquæ-Sextiæ pouvaient devenir chevaliers Romains comme ceux de la mère patrie. Les Salyens s'habituèrent insensiblement aux jeux et divertissements des Romains et la domination de ces derniers s'implanta chaque jour davantage.

Aix devint 20 ans plus tard (104 à 102 av. J.-C.) le quartier général de Marius envoyé pour arrêter la marche des Cimbres et des Teutons. Il battit les Ambrons alliés des Teutons dans une première action à la *plaine des Milles* dite aujourd'hui le *plan d'Aillane*, d'où le nom de **Roquefavour** (Rocher de la faveur, *Rupes favoris)* donné au défilé sur lequel a été jeté le pont-aqueduc colossal qui mène à Marseille les eaux de la Durance. Bientôt après il écrasait les Cimbres et les Teutons dans une seconde bataille livrée entre Trets et Pourrières, bataille qui fut une des plus sanglantes entre toutes celles que rapporte l'his- l'histoire, cent mille hommes restèrent sur le champ de bataille et plus de cent mille prisonniers entre les mains du vainqueur, au dire de Plutarque, qui mentionne en détail les scènes de carnage auquel ce combat donna lieu. En souvenir de cette brillante bataille, Marius éleva un monument triomphal sur le lieu même qui prit le nom de *Campus putridus,* dont on a fait Pourrières. La montagne au pied de laquelle ces scènes sauvages se sont passées prit le nom de mont Victoire, devenu de nos jours le mont Ste-Victoire.

Les Salyens avaient pris bravement leur part dans ces deux actions qui délivrèrent la Gaule de l'invasion teutonique; ils tentèrent une nouvelle fois de secouer le joug des Romains, mais ils ne purent y parvenir; Caïus Cecilius les ayant réduits à l'impuissance assura ainsi le pays à la domination romaine. Lors de la division de la Gaule en 17 provinces **Aquæ-Sextiæ** devint capitale de la seconde Narbonnaise. La ville avait alors 30,000 habitants et, chose digne de remarque, elle n'en a pas davantage aujourd'hui. La puissance des Druides avait fini par recevoir des atteintes de la part des Salyens et encore plus des Romains et elle disparut sous le règne de l'empereur Tibère.

Ce serait ici le moment de parler de l'introduction du Christianisme à Aix, mais une plume plus autorisée que la nôtre le fera dans un chapitre séparé, entièrement consacré à faire connaître les grandes choses que la ville d'Aix doit à la religion du Christ.

Au milieu du Vme siècle les Bourguignons et les Visigoths arrivèrent en Provence sous la conduite de leur roi. Orange, Apt, Avignon, Carpentras et Vaison furent entièrement détruits; Aix ne dut son salut qu'à Bazile son évêque, mais elle devint possession des rois Visigoths. La Provence resta peu de temps sous la domination des Ostrogoths et enfin les Lombards conduits par Amon passèrent le mont Genève et vinrent mettre le siège devant Aix. Cette ville ne put se débarrasser d'un ennemi aussi redoutable qu'en payant la somme énorme pour ce temps-là de 17,600 livres; mais bientôt un autre ennemi apparut; ce furent les Sarrasins en 737 qui détruisirent complètement la ville, égorgèrent ou entraînèrent en esclavage les malheureux habitants.

Aix ne fut relevé de ses ruines que sous le règne de Lothaire en 796, et comme le reste de la Provence, cette ville passa successivement sous la domination de Charles fils de Lothaire, puis sous celle de l'empereur Louis et enfin elle échut à Charles-le-Chauve. Sous le règne de Louis-le-Bègue, Boson qui était gouverneur de la Provence, parvint à s'emparer du pouvoir souverain, et fonda le royaume d'Arles. Ce royaume eut donc pour chefs Boson, ensuite Louis l'*aveugle*, Hugues, Rodolphe, Conrad *le pacifique* et Rodolphe *le fainéant* desquels nous ne parlerons pas plus longuement, leur histoire n'interessant pas particulièrement la ville d'Aix. Après Rodolphe, la Provence passa entre les mains de Boson, son parent, qui fut la souche des premiers Comtes Souverains de Provence. Le titre purement honorifique de roi d'Arles, fut dès lors porté par l'empereur d'Allemagne, un de leurs descendants.

II.—Des Comtes Souverains de Provence

Les Comtes de la Maison de Boson

Boson. Sous son règne le pape Jean VII, que des princes italiens avaient fait fuir de Rome, traversa la Provence, fut accompagné par Boson et l'évêque d'Aix, Robert Ier, qui reçut du Pape le *Pallium*. La ville d'Aix reprit de l'importance sous **Guillaume Ier** et **Guillaume II**, on y fonda une maison hospitalière de l'ordre du St-Esprit et des assemblées solennelles s'y réunirent; le comte **Geoffroi** et son fils **Bertrand** habitèrent l'ancien prétoire romain autour duquel un bourg se forma qui prit le nom de *Ville Comtale*.

Gerberge et **Gilbert** son époux. Gerberge était fille du comte Geoffroi et succéda à son frère Bertrand vers l'an 1100. Ce fut sous son règne qu'eût lieu la première Croisade et que les Troubadours déjà connus acquirent leur plus grande célébrité. Les Cours d'Amour datent de la même époque, ces cours jugeaient les questions de galanterie telles que celle-ci : *Quel est l'amant le plus heureux de celui à qui sa belle jette un regard d'amour, de celui à qui elle serre tendrement la main, ou enfin de celui à qui elle presse amoureusement le pied ?* Dans ces plaidoyers on perdait souvent de vue l'objet principal pour ne faire briller que l'esprit.

Les Comtes de la Maison de Barcelone

Raymond-Bérenger Ier fut le commencement d'une nouvelle maison, il acquit la Provence par son mariage avec **Douce** princesse de ce pays ; devenu veuf il entra dans l'ordre des Templiers et fut très regretté des Provençaux.

Bérenger - Raymond ayant à disputer ses droits à la souveraineté de la Provence avec **Raymond de Baux**, époux d'une fille du comte Gilbert, appela à son secours le comte de Barcelonne. Les génois s'étant déclarés contre lui, ce prince perdit la vie dans un combat qu'il leur livra.

Raymond - Bérenger II affermit le pouvoir affaibli par le soulèvement des vassaux, à cet effet les États de Provence furent assemblés à Aix et le comte reçut des membres présents serment de fidélité, les habitants obtinrent des terres ; il protégea les arts et la population s'accrut d'une manière sensible. Les villes et bourgs s'établirent en communautés.

Alphonse Ier roi d'Aragon disputa la Provence à Raymond V, comte de Toulouse, soumit le comté de Nice et laissa la souveraineté de la Provence à son frère **Berenger III**, dont le règne fut très court, et ensuite à son autre frère **Sanche d'Aragon,** sur le règne duquel on sait peu de chose.

Sous le règne d'Alphonse I er, Benoît prévôt du Chapitre de Notre-Dame de la Seds, ayant relevé de ses ruines l'église de St-Sauveur, détruite par les Sarrasins en 754, un grand nombre d'habitants se groupèrent autour et formèrent ainsi un bourg appelé *bourg St-André* ou *St-Sauveur*. La ville s'accrut beaucoup à cette époque et bientôt les deux bourgs se joignant ne formèrent plus qu'une seule ville. Les *Frères pontifes* ou *faiseurs de ponts* s'établirent à Aix vers la même époque; ils étaient religieux et militaires quoique laïques.

Alphonse II guerroya aussi comme c'était de coutume en ce temps-là, pour recouvrer la souveraineté de la Provence, et fut secouru par les habitants d'Aix, auxquels il accorda par reconnaissance le droit de pâturage et de couper du bois jusqu'à cinq lieues autour de la ville; il favorisa les troubadours et fut troubadour lui-même, il mourut et 1209. Aix lui éleva un tombeau dans l'église St-Jean de Malte.

Raymond-Bérenger IV trouva la Provence en désordre; chaque ville s'était érigée en république, mais il remit tout sous son autorité; une de ses filles épousa S. Louis roi de France et son règne se distingua par des établissements pieux qui se fondèrent à Aix. A sa mort son corps fut déposé à coté de son père dans l'église de St-Jean.

Les Comtes de la première Maison d'Anjou

Béatrix et Charles Ier. Béatrix, fille de Bérenger IV, reconnue souveraine à Aix, confirma les privilèges de la ville, et son époux Charles soumit toute la Provence à son autorité, se déclara contre les Gibelins pour la faction des Guelfes; il fut assez heureux pour être vainqueur.

Béatrix mourut à Nocera et son corps fut transporté à Aix et enterré à coté de celui de son père dans l'église St-Jean.

Le fameux massacre des Français et des Provençaux commis en Sicile et appelé les Vêpres Siciliennes eut lieu à peu près dans ce temps-là. Il n'y eut d'épargné que Guillaume Porcelet, gentilhomme provençal, qui s'était fait chérir et respecter par sa probité.

Charles II ne régna pas longtemps ; son passage à Aix fut marqué par des ordonnances sur la dîme des blés et des autres récoltes, sur les blasphèmes, les juifs, etc. C'est sous Charles qu'eut lieu la destruction des Templiers dont 27 furent enfermés au château de Meyrargues.

Charles était chéri de ses sujets et à sa mort il s'établit une coutume, que le premier jour ou les Consuls d'Aix entraient en fonctions, ils allaient visiter son tombeau qui se trouvait dans le chœur des religieuses de Nazareth ; cette coutume s'est conservée jusqu'à la Révolution.

Robert fut couronné à Avignon et vint ensuite à Aix ; il fut nommé par Clément V, vicaire du Saint-Empire. On lui doit la fondation du monastère de Ste-Claire au quartier du *Galet-Cantant*. Robert mourut à Naples le 13 juin 1347, laissant pour tout héritier une petite fille nommée Jeanne, et à la condition qu'elle épouserait André de Hongrie.

C'est du règne de Robert que date le Conseil de la ville, créé pour s'occuper des affaires de la commune conjointement avec les Consuls.

Jeanne régna ; elle épousa celui que son père lui avait désigné, mais elle éprouva peu après contre lui une haine implacable par suite de laquelle elle le fit étrangler. Nous voici parvenus à l'année 1348, année fatale par l'invasion de la peste en Provence où dans certaines localités personne ne survécut. Le nécrologe d'Aix mentionne le dévouement d'un prêtre bénéficier du Chapitre d'Aix, Jean de Paransenys, qui se consacra au service des pestiférés et mourut à son tour de la terrible maladie. C'est Jeanne qui céda Avignon au pape Clément VI ; elle se remaria ensuite en troisièmes noces.

Dans ces temps troublés et agités, la population gémissait de la triste situation qui lui était faite par tant d'envahisseurs et le brigandage ; aussi les habitants de l'ancienne ville d'Aix, appelée *Ville des Tours* à cause de celles qui flanquaient le palais des Archevêques, et située au quartier actuel des Minimes, abandonnèrent leur antique cité pour se concentrer au bourg St-André ou St-Sauveur et dans la cité Comtale.

Jeanne eut à son tour le sort qu'elle avait fait subir à son premier mari ; vaincue par Charles de la Paix et faite prisonnière, elle fut étranglée à Naples.

Les Comtes de la seconde Maison d'Anjou

Louis Ier, fils adoptif de la précédente, se fit couronner à Avignon et vint à Aix se faire reconnaître, mais sur le refus qu'il éprouva, il fit le siège de la ville, s'en empara, détruisit les fortifications et transporta l'administration de la justice à Marseille. Le territoire d'Aix fut limité, une ordonnance du Conseil de Ville enjoignit aux femmes de mauvaise vie de ne paraître en public que voilées sous peine d'une amende de 30 florins.

Louis II n'avait que 6 ans lorsqu'il succéda à son père en 1400 sous la tutelle de Marie de Blois sa mère. Les mêmes guerres désolèrent son règne ; tantôt vainqueur, tantôt vaincu et ensuite reconnu par la ville d'Aix, révoqua l'ordonnance de son père qui transférait le siège de la justice à Marseille et rétablit à Aix les Cours Souveraines ; il refusa en dernier lieu de prendre les armes pour faire valoir ses droits sur le royaume d'Aragon ; il avait épousé Yolande la plus belle personne de son temps. Ce fut Louis II qui institua l'Université d'Aix, le 30 décembre 1413 ; il transporta le pouvoir de juger en dernier ressort du Juge Mage à une Cour de Parlement. Un tremblement de terre qu'on ressentit cette année là détruisit presque entièrement l'église des Prêcheurs.

Louis III fut un bon prince ; il conquit Naples, pendant que le roi d'Aragon prenait Marseille. Cette ville fut livrée au pillage et ne trouva sa tranquillité que grâce au secours que la ville d'Aix lui envoya ; les armes de la ville et celles d'Aragon étant les mêmes amena au commencement de cette guerre quelques méprises, Louis III permit à Aix d'ajouter à ses armes celles de Sicile, de Jérusalem et d'Anjou. (Voir la description des armoiries de la ville d'Aix, page 16).

René (le bon), *roi de Naples, duc d'Anjou et de Lorraine, comte de Provence.* Ce monarque mérite une mention spéciale ; il fit tant de choses et fut si malheureux dans la guerre, qu'il était aimé et adoré de tous. Aix sa capitale se ressentit beaucoup de son séjour. Sa mémoire est restée dans le souvenir des Provençaux qui se la transmettent de génération en génération et aujourd'hui encore on parle du Roi René tandis que le souvenir des autres souverains est presque oublié. René épousa en premières noces Isabelle fille de Charles de Lorraine ; le sort des armes lui fut défavorable et fait prisonnier, il fut rendu à la liberté sur parole ; mais l'arrangement n'ayant pu avoir lieu il reprit ses fers. Pendant ce temps-là Isabelle faisait son séjour à Aix ; il y eut à cette époque une nouvelle invasion de la peste, mais moins forte que la première. Le Roi obtint sa liberté contre une somme de 2 millions, il fut reçu à Aix avec enthousiasme et les États lui ayant procuré des hommes et de l'argent il partit pour conquérir Naples, mais là encore une défaite l'attendait et notre monarque se rendit à Angers où il institua l'ordre du Croissant. Ce fut dans cette ville qu'il perdit sa femme.

Après de nouvelles vicissitudes et la perte de son fils le duc de Calabre, René fixa sa résidence à Aix. Le climat de cette ville lui plaisait, il s'adonna aux lettres, aux sciences et aux arts, il a laissé des ouvrages et des tableaux qui ont fourni à M. de Quatrebarbes l'occasion de publier un ouvrage d'une importance capitale. Peu de monarques ont eu autant d'honneur que lui [1]. M. de Villeneuve-Bar-

---

[1] *OEvres complètes du Roi René* publiées par M. de Quatrebarbes, 4 vol. in-4° contenant un très grand nombre de gravures, en vente à la librairie A. Makaire, rue Thiers 2.

gemont a publié une histoire du Roi René en 3 volumes [1] sans compter les diverses biographies qui ont paru dans des brochures. On lui doit la coutume des Jeux de la Fête-Dieu qu'il faisait faire chaque année le jour de la procession, pour l'amusement de son peuple. (Voir à l'article *Coutumes* la description de ces jeux).

A l'occasion d'une fête de charité organisée le 25 avril 1869, on ne trouva rien de mieux pour être agréable aux Aixois que de simuler l'entrée à Aix du Roi René.

Le bon Roi mourut à l'âge de 73 ans en l'année 1480 et fut transporté à Angers pour reposer à côté de sa première femme Isabelle de Lorraine.

Charles III neveu du roi René cloture le règne des comtes de Provence ; son passage n'est marqué que par l'acte important par lequel il a cédé en mourant, ses Etats au Roi de France Louis XI.

III. — Depuis la réunion de la Provence à la France jusqu'à la Révolution française

Pour prendre possession de la Provence et faire accepter son autorité, Louis XI nomma Palamède de Forbin, lieutenant-général, les Etats-Généraux s'assemblèrent et on jura le maintien des privilèges. Mais l'astucieux monarque dans lequel se révélait le pouvoir personnel supprima peu à peu les privilèges de la ville d'Aix et mécontenta tellement les aixois que le petit fils de René, le duc de Lorraine, revendiqua ses droits sur la Provence ; mais les Etats assemblés décidèrent qu'il n'y avait pas lieu de revenir sur l'annexion à la France.

Liée désormais à la France, la Provence ne joua plus d'autre rôle que celui d'ordinaire réservé aux provinces.

Charles VII institua les Consuls à la place des Syndics,

---

[1] *Histoire du Roi René* par M. de Villeneuve-Bargemont, 3 vol. in-8°, 24 fr., à la même librairie.

remplacés aujourd'hui par le Maire et ses Adjoints. Nous voici arrivés à l'année 1506 ; Aix eut à subir la peste pendant deux ans ; elle reparut encore en 1521 et dura 14 mois donnant lieu aux plus grands actes de dévouement que l'on puisse imaginer,

Ce fut le 22 janvier 1516 que François Ier fit son entrée dans l'ancienne capitale de la Provence. Aix sortait à peine du fléau de la peste que le fléau de la guerre vint de nouveau troubler ses habitants, Charles de Bourbon entra en Provence et emporta d'assaut diverses villes. Aix ne lui donna pas cette peine ; la trahison du premier Consul le rendit maitre de la ville, il inspira de la terreur et fit pendre à un des trois ormeaux de la place de ce nom [1] un paysan qui n'avait pas voulu crier : *Vive Charles de Bourbon*. Charles-Quint entra en Provence, sur ces entrefaites. Aix, voulut résister en se fortifiant ; mais le roi employa un autre moyen pour le faire déloger, il fit bruler, villes, villages, récoltes, fruits, tout enfin ce qui est nécessaire à une armée et malgré le titre de roi d'Arles que prit Charles-Quint, celui-ci fut bien obligé d'abandonner la Provence, où la famine menaçait son armée.

L'année 1540 fut celle dans laquelle les disciples de Luther se répandirent dans nos contrées. Alors commença cette guerre de religion que l'on retrouvera détaillée dans la partie religieuse de ce volume. Six ans plus tard la peste reparut de nouveau avec des inondations terribles ; on eut pu croire la fin du monde. Sous Charles IX le comte de

---

[1] De Haitze, dans son *Histoire d'Aix*, nous dit que : « ....l'arbre qui servit de potence fut coupé en exécration aprez la retraite du duc, à la place duquel on n'a jamais pu faire prendre racine à aucun autre. La merveille du ressentiment de ce sol est de notoriété publique ; ainsi je n'ai pas besoin de garant pour autoriser ma remarque. » (Tome 2me page 110).

Les deux derniers ormeaux tombant de vetusté ont été remplacés par trois platanes au printemps de l'année 1884.

Sommerive succéda au comte de Tende en qualité de gouverneur et les désordres de cette époque ne furent apaisés que par l'arrivée de Catherine de Médicis. Une nouvelle peste vint encore ravager le pays; les Consuls l'abandonnèrent, tous ceux qui pouvaient fuir s'empressaient de partir en présence d'une mortalité qui atteignait le chiffre de 70 victimes par jour. La peste et la famine furent suivis de la guerre de la Ligue, pendant laquelle Aix eut beaucoup à souffrir; des assassinats vinrent ensanglanter les rues et les maisons et les atrocités de cette époque recommencèrent plus nombreuses à la mort du duc de Guise. Henri III déclara la ville d'Aix coupable de lèse-majesté en même temps que quatre autres villes à la suite de la séparation des pouvoirs judiciaires.

Les Ligueurs étaient tellement aveuglés par l'esprit de révolte qu'ils préférèrent traiter avec le duc de Savoie plutot que de reconnaitre l'autorité du roi. Le duc de Savoie arriva à Aix mais ne tarda pas à rentrer chez lui quand il vit la disposition des esprits à son égard. Notre ville eut alors à soutenir un siège mémorable ; le duc d'Epernon comprenant l'importance de cette place en fit le siège et établit sa tente à la colline dite des Trois-Moulins qui domine la ville. Les assiégés placèrent un canon sur la terrasse de Saint-Sauveur et tirèrent tellement juste que le duc d'Epernon faillit être tué, deux de ses lieutenants périrent à côté de lui. Le clocher de Saint-Sauveur avait été entouré de laine pour amortir l'effet des boulets. La trève qui suivit apporta un peu de repos à la contrée.

Louis XIII vint aussi à Aix. Frappé de l'aridité du sol il ordonna la construction d'un canal d'arrosage qui devait être aussi navigable. Inutile de dire que ce projet est resté lettre morte. En l'année 1629 une nouvelle peste vint ravager Aix et les environs; on évalue à 12 mille le nombre de victimes qu'elle fit. En 1630 des troubles recommencèrent; le levain provençal s'accomodait mal de la suzeraineté de la France et tenta de fermenter, mais inutilement. Les querelles du Roi et du Parlement amenèrent la suppression de la Chambre des Requêtes et la création du Parlement Semestre, nouveau Parlement qui devait partager avec l'ancien le droit de rendre la justice. Il serait trop long d'indiquer tout ce que firent les anciens membres du Parlement pour s'opposer au nouveau ; ils allèrent jusqu'à faire assassiner Philippe Gueydon qui s'était mis sur les rangs. Au milieu de tous ces troubles Aix fut de nouveau visité par la peste qu'apportèrent de Marseille des filles de mauvaise vie et elle suspendit de nouveau les hostilités.

L'année 1656 fut remarquable à Aix par le passage de Christine reine de Suède et l'évènement le plus important fut encore la peste de 1720, pendant laquelle 7534 habitants perdirent la vie. On comprit alors en Provence qu'il fallait empêcher à tout prix le retour de pareils désastres et de là le régime sanitaire du Lazaret à Marseille qui fonctionne encore aujourd'hui pour soumettre en quarantaine les batiments venant des pays contaminés.

De cette époque à la Révolution Française aucun fait saillant ne peut trouver place dans notre modeste résumé [1]. La première République a détruit tout esprit de province en créant les départements, et de capitale de la Provence qu'était la ville d'Aix, de chef-lieu du département des Bouches-du-Rhône pendant les années de 1790 à l'an VIII, elle est devenue chef-lieu d'arrondissement.

Ici doit se terminer notre aperçu historique ; notre ville est aujourd'hui classée dans celles de deuxième ordre et rien ne fait prévoir qu'elle puisse jamais s'élever plus haut.

---

[1] Pour connaitre d'une manière complète l'histoire d'Aix, lire la grande histoire de P.-J. de Haitze, publiée par la *Revue Sextienne*, en vente à la librairie A. Makaire, 2, rue Thiers.

TOPOGRAPHIE, — DIVISION ADMINISTRATIVE, etc.

Aix en langue provençale *Ais*, l'*Aquæ-Sextiæ* des Romains est situé au 23° degré, 6 min., 34 s. de longitude; et au 43° degré, 31 min., 35 s. de latitude ; à 204 mètres d'altitude, dans un territoire d'un aspect agréable, borné au nord par la chaîne de la Trévaresse, à l'est par le mont Ste-Victoire, au midi par les collines de l'Etoile et de N.-D. des Anges et à l'ouest par une vaste plaine fermée par le pont-aqueduc de Roquefavour. **Aix** est à 29 k. au nord de Marseille, et à 754 S.-S.-E. de Paris.

La **température** moyenne y est d'environ 14° à 14° 5. L'hiver se maintient un peu au dessous et un peu dessus de 0. Le printemps et l'automne de 17° à 18°. L'été de 28° à 35°. Les grands froids s'y font peu sentir il est rare de voir de la glace et de la neige. Le printemps y est de courte durée, mais l'automne se prolonge jusqu'aux environs de Noël. Les **vents** y sont nombreux, les principaux sont le *Mistral* venant du nord-ouest, le *Levant* venant de l'est, le vent *Larg* (ouest), le *Labech* qui amène ordinairement la pluie et enfin le vent des moissonneurs, qui permet en soulevant le blé avec une fourche, de séparer le grain de la paille, opération qui se fait en plein champ.

La **pluie** fait généralement défaut à Aix où il ne pleut guère qu'à l'équinoxe de printemps et d'automne ; aussi la culture du sol est en général limitée au blé, à l'olivier et à l'amandier. Les autres arbres, muriers, figuiers, abricotiers, pêchers, etc., n'arrivent qu'en seconde ligne. La vigne a presque entièrement disparu sous l'action du phylloxera.

Le sol pittoresquement accidenté offre une foule de sites ravissants, bon nombre de campagnes et de *bastidons* animent le paysage. L'**intérieur de la ville** est bien bâti, on y voit les beaux hôtels de l'ancienne noblesse parlementaire ; les promenades extérieures, bordées de platanes, entourent la ville comme un rempart de verdure. La **population** de la commune est de 30,000 âmes et celle de l'arrondissement est de 229,000.

Aix est le siège d'un Archevêché, d'où relèvent 6 suffragants, d'une Cour d'Appel de premier ordre, d'un Tribunal de Première Instance et un Tribunal de Commerce, de deux Justices de Paix, d'une Académie universitaire comprenant 5 départ., de trois Facultés, Théologie, Droit et Lettres, d'une Sous-Préfecture, d'une Direction des Contrib. Indirectes et des Tabacs en feuilles, d'une Conservation des Forêts et des Hypothèques, d'une Recette part. des Finances, d'une Ecole d'Arts-et-Métiers, d'une Caisse d'Epargne, d'une administ. des Ponts-et-Chaussées, d'une Académie des Sciences, Agriculture, Belles-Lettres et Arts, etc.

La superficie de l'arrondissement est de 216,723 hectares divisé en 10 cantons et 59 communes.

ARMOIRIES DE LA VILLE D'AIX

La ville d'Aix, ancienne capitale de la Provence, porte : *d'or à quatre pals de gueules,* qui est d'Aragon, *et un chef tiercé en pal au 1er d'argent, à une croix potencée d'or, cantonnée de quatre croisettes du même,* qui est de Jérusalem ; *au 2° d'azur semé de fleur de lis d'or, brisé en chef d'un lambel à cinq pendants de gueules,* qui est de Sicile, *et au 3° d'azur semé de fleur de lis d'or avec une bordure de gueules,* qui est d'Anjou.

Les pals, qu'on appelait anciennement paux, pièce principale de cet écusson, furent concédés à la ville d'Aix par Ildefonse Ier, roi d'Aragon, comte de Barcelone, et suivant d'autres auteurs par Raymond Bérenger. C'est Louis III, de la maison d'Anjou, qui, voulant reconnaître les secours que les Aixois lui avaient fourni pour réprimer diverses insurrections, ajouta aux armes d'Aragon celles d'Anjou, de Sicile et de Jérusalem qu'il plaça en chef et donna en même temps à la cité Aixoise sa belle devise : **Generoso sanguine parta** : *Acquises par un sang généreux.*

HISTOIRE RELIGIEUSE

DE

LA VILLE D'AIX

Au nombre de ses meilleures gloires la ville d'Aix peut revendiquer hautement son illustration religieuse. Dotée du bienfait de la foi dès l'aurore même de l'Evangile, notre cité ne s'est jamais montrée indigne de cet honneur et elle a su conserver avec un remarquable attachement les traditions de sa précocité chrétienne. Son Eglise qui remonte aux Apôtres, après avoir vu ses destinées successivement confiées à une longue et noble génération d'environ **quatre-vingt-dix Pontifes,** garde aujourd'hui encore, malgré tant de vicissitudes, son antique prééminence ; l'enceinte de ses murs s'est peuplée depuis longtemps de monuments religieux qui ont défié l'atteinte des âges ; l'hérésie, le schisme et cette vile impiété qui est devenue, de nos jours, le mal suprême des âmes, n'entamèrent jamais avec succès les croyances de la grande masse de ses habitants ; en un mot, après dix-neuf siècles, l'esprit chrétien et les mœurs religieuses sont restées, à Aix, assez populaires pour qu'il leur soit consacré dans ce *Guide* une étude spéciale qu'on ne saura taxer de hors-d'œuvre.

Nous diviserons, notre travail en trois chapitres dont le premier embrassera tous les faits relatifs à l'histoire religieuse d'Aix, de l'établissement du christianisme à la reconstruction de la Ville après l'invasion Sarrazine ; le second comprendra le récit des évènements arrivés depuis cette époque jusqu'à la Révolution Française ; le troisième, enfin, aura pour objet la situation religieuse contemporaine.

I

Quelque temps après l'Ascension du Sauveur, il s'éleva en Judée une violente persécution contre les premiers chrétiens. Elle s'ouvrit par le martyre de S. Etienne et sévit particulièrement contre ceux d'entre les disciples du Christ dont l'influence pouvait être plus nuisible à la Synagogue. Parmi ces proscrits naturellement désignés à la haine des Juifs, figuraient au premier rang, **Lazare** le ressuscité, ses deux sœurs, **Marthe**, l'hôtesse du divin Maître et **Madeleine**, son amie de prédilection, **Maximin** qui les avait tous baptisés et quelques autres, alliés du Sauveur selon la chair ou demeurés les monuments irrécusables de ses miracles.

Ce fut contre ces fidèles d'élite que s'arma tout d'abord l'animosité du Sanhédrin. Par son ordre, Lazare et ses deux sœurs, Maximin, Marie Jacobé et Salomé, l'aveugle-né Sidoine et quelques personnes attachées à leur service, furent jetés dans une barque dépourvue de ses agrès et livrés sans secours à la merci des flots.

Par un prodige de cette Providence maternelle qui fait tout concourir au bien de ses élus, le frêle esquif auquel la foi prêta des voiles et la piété, un gouvernail, traversa la mer en vainqueur et vint s'amarrer aux rives de cette Palestine de l'Occident que les Romains avaient nommé la **Province** par excellence.

A peine arrivés sur notre sol, les nouveaux Apôtres de la Provence se séparèrent pour défricher chacun la portion de terrain que l'inspiration du Ciel leur assigna. **Lazare** porta l'Evangile à Marseille, **Marthe** se fixa à *Tauruscum* où ses restes vénérés reposent encore, les **saintes Maries** s'établirent sur les rivages qui ont gardé leur nom et leurs saintes reliques; quant à **Maximin** dont **Madeleine**, sur l'ordre même du Prince des Apôtres, ne devait point se séparer, il vint, avec son illustre compagne, planter à **Aix** le drapeau de la foi.

Comme prise de possession de la cité de Sextius, le saint

Apôtre éleva un modeste oratoire qu'il dédia au Sauveur et qui, tour à tour, agrandi en église romane et en cathédrale gothique, est encore aujourd'hui, sous le même vocable, la **basilique Métropolitaine d'Aix** [1].

L'apostolat de S. Maximin fut des plus féconds; il fut partagé pendant quelque temps par Ste Madeleine qui, cédant enfin à son attrait pour la vie pénitente et contemplative, se retira dans la grotte de la **sainte Baume**, devenue depuis l'un des pélerinages les plus en renom de la Chrétienté. A l'approche de sa mort, elle reçut la communion des mains du saint Evêque d'Aix et fut ensevelie par ses soins dans le lieu qui a pris plus tard le nom même de *Saint-Maximin*.

Après un Episcopat de quarante ans, signalé par un zèle digne d'un disciple élevé à l'école de Jésus-Christ lui-même et par des prodiges de toute sorte, Maximin s'endormit dans le Seigneur, laissant auprès de sa chrétienté naissante, **Sidoine**, l'aveugle-né de l'Evangile, pour successeur. Selon ses désirs, il fut inhumé auprès de Ste Madeleine.

C'est ainsi que naquit l'**Eglise d'Aix**. Elle ne pouvait avoir de plus nobles origines puisqu'elle fut enfantée à la foi par l'un des soixante-douze Disciples du Sauveur et par Celle qui mérita sur la terre l'honneur de sa plus tendre amitié.

Tout ce que nous venons de dire des origines de l'Eglise d'Aix repose sur la croyance immémoriale de la Provence, vivante encore après dix-neuf siècles. Cette tradition est d'ailleurs confirmée par un ensemble imposant de monuments qui appartiennent à la piété, à l'histoire, aux arts et dont les plus anciens sont contemporains des personnages. Dans tout le cours des âges, il ne s'est produit qu'une dissonnance à l'encontre de la foi provençale; mais comme

---

[1] Voir pour de plus amples détails la monographie historique et descriptive de l'Eglise Métropolitaine Saint Sauveur d'Aix, publiée par M. l'abbé J. Mille, sous le titre de : *Notre Métropole*, chez A. Makaire.

elle émanait du Dʳ Launoy, auquel la postérité sévère a consacré le sobriquet de *Dénicheur des Saints* et qu'elle a été, de plus, victorieusement réfutée par les protestations des savants de l'époque et de nos jours, par les immenses travaux de critique du docte abbé Faillon [1], on nous permettra de répéter qu'il n'y a pas de tradition mieux établie au point de vue de la science, que celle de l'établissement du christianisme en Provence.

Si les **origines de l'Eglise d'Aix** jouissent d'une certitude aussi bien affirmée, il n'en est pas de même de ses premiers développements. « Après Sidoine, dit l'historien de Haitze dans son ouvrage : *l'Episcopat Métropolitain d'Aix*, le catalogue de nos Evêques est interrompu par le défaut des monuments par écrit de ces temps-là et des postérieurs ». Cet auteur en donne deux raisons ; la simplicité primitive des chrétiens qui se contentaient d'une transmission orale en ce qui concernait les choses de la religion et la malice des *traditeurs* qui, sous Dioclétien, achevèrent de détruire le peu de monuments écrits des siècles antérieurs en les livrant aux ennemis du Christianisme.

Bouche donne, il est vrai, un catalogue de quatorze évêques depuis S. Sidoine jusqu'à *Tryphérius* (397) ; mais c'est une simple nomenclature que n'appuie aucune preuve.

A partir du Vᵐᵉ siècle qui s'ouvre par l'épiscopat de **Lazare** (400) la lumière se fait dans l'Histoire Religieuse de notre cité, pour ne subir désormais que des éclipses passagères.

Ce prélat écrivit des mémoires contre Pélage et commença la lutte en faveur des privilèges de l'Eglise d'Aix contre celle d'Arles.

Vingt ans après lui, deux saints montèrent successivement sur notre siège épiscopal, **S. Ménelphale** et

---

[1] Monuments inédits sur l'apostolat des Saints de Provence par M. Faillon, de la compagnie de St-Sulpice. 2 volumes in-folio, Migne éditeur.

S. Armentaire. Sous le premier, S. Honorat, évêque d'Arles, de passage à Aix, opéra le miracle célèbre de la résurrection d'un enfant, à proximité de la place qui garde encore aujourd'hui son effigie renouvelée de siècle en siècle et le nom de place Saint-Honoré. C'est aussi dans le même temps que S. Jérôme écrivit une lettre remarquable à une noble aixoise, Agerruchia, laquelle avait fondé, à l'exemple de Ste Paule, une maison de retraite pour quelques unes de ses compagnes. Quant à S. Armentaire qui nous venait du siège d'Embrun, on sait qu'il se dévoua, comme son prédécesseur, au soulagement des misères publiques et qu'il mérita comme lui, l'honneur de sa canonisation par le peuple (499).

Ces deux saints prélats furent inhumés dans la chapelle de Saint-Laurent voisine de notre première cathédrale, **Notre-Dame de la Seds** *(de Sede,* du Siège Episcopal) qui était située ainsi que la demeure de nos Pontifes dans la partie de la cité, dite *Ville des Tours,* là où s'élève aujourd'hui, sous le même vocable, l'église des religieuses du St-Sacrement. Leurs reliques furent transportées de la chapelle de St-Laurent, à St-Sauveur, dans le courant du Moyen-Age, ainsi que le constate une vieille inscription, enchassée dans les murs du cloître de la Métropole. Le Martyrologe d'Aix mentionnait la fête de S. Ménelphale au 22 avril et celle de S. Armentaire au 7 octobre.

S. Basile, prêtre de l'Eglise d'Arles est le même qui préserva les restes de S. Hilaire de la pieuse avidité du peuple en jetant, à la foule aux Aliscamps, les lambeaux du drap mortuaire qui recouvrait le corps du saint Evêque. Devenu Evêque d'Aix, il eut l'honneur de recevoir à N. D. de la Seds, le dernier soupir de l'illustre martyr, **S. Mitre,** dans les circonstances prodigieuses que voici :

Saint Mitre était un noble grec de Thessalonique qui, par attrait de la perfection, s'exila de son pays après avoir distribué ses biens aux pauvres et vint se fixer à Aix. Le désir de gagner des âmes à Dieu lui fit abdiquer sa liberté et il se mit au nombre des esclaves du féroce Arvandus que

Sidoine Apollinaire nomme le *Catilina* de son siècle. Celui-ci que le zèle infatigable de S. Mitre exaspérait au dernier point saisit avec une joie cruelle le plus futile prétexte pour le condamner et sur une calomnie odieuse, démentie d'ailleurs par le miracle le plus éclatant, il le fit décapiter, dans la prison attenante au palais prétorial, à peu près sur l'emplacement du palais de justice actuel. Par un prodige dont on cite à peine quelques exemples et que la tradition la plus unanime persiste à soutenir, le saint Martyr, à peine décapité, se releva, prit sa tête entre ses mains et suivi d'une foule immense qui l'acclamait, se rendit à l'église cathédrale N. D. de la Seds dont les cloches, mises en branle par des mains mystérieuses, saluèrent d'elles-même son entrée triomphale. L'Evêque Basile accourut aussitôt avec son clergé, fut témoin du suprême hommage que S. Mitre fit de son chef sanglant à la Madone et prit soin de lui ériger un tombeau qui devint à l'heure même un autel, à la requête enthousiaste du peuple. La fête de S. Mitre, martyr et patron de la ville d'Aix, se célébrait avant la Révolution, le 13 novembre, jour de sa mort glorieuse ; depuis elle a été fixée au dernier Dimanche après la Pentecôte, qui tombe toujours dans la dernière quinzaine du même mois.

Plusieurs martyrologes donnent à Basile le titre de saint.

De l'épiscopat de Basile à celui de **Protasius** (590) nous ne trouvons rien de remarquable que le miracle obtenu par l'intercession de S. Mitre à la demande du B. **Francon**, évêque d'Aix vers l'an 570. Childéric, seigneur de la cour de Sigebert, roi d'Austrasie, s'était emparé violemment d'un domaine appartenant à l'Eglise d'Aix qui avait pour nom la *Villa Saint-André* et qui était situé à peu près sur l'emplacement de l'Hôtel-Dieu actuel. Francon fit appel à la justice du roi qui, bien loin de l'écouter, le condamna, sur les menées du noble pillard, à payer au fisc une amende de 300 écus d'or. Le saint Evêque ne se tint pas pour battu et à défaut d'autre juridiction, il s'adressa au tribunal de Dieu. Par ses ordres, la chapelle de S. Mitre érigée dans la cathédrale fut mise en interdit, privée de son luminaire et parsemée de ronces, avec injonction de la laisser en cet état jusqu'à ce que le saint Martyr eut pris enfin la cause de son Eglise outragée. Le crédit de S. Mitre ne tarda pas à se manifester. Le malheureux Childéric rongé d'une fièvre dévorante reconnut sa faute et fit compter, avant sa mort, sur la tombe de S. Mitre, six cents écus d'or en réparation de son vol sacrilège. (Grégoire de Tours.)

II

Avec le huitième siècle, les Sarrasins apparaissent en Provence et de l'an 713, date de leur première invasion jusqu'en 803 ils désolent notre malheureux pays par d'incessants ravages. Par suite de la perte de tous les monuments écrits de ces temps qui ne furent pas épargnés dans la ruine générale, l'histoire de cette époque est particulièrement obscure. On ne connait au juste que la date de la destruction totale de la ville d'Aix accomplie par les barbares en 738. La cité comme le siège épiscopal demeurèrent longtemps en solitude, ainsi qu'il conste par une charte de Pierre II, archevêque d'Aix, donnée en 1092 pour la construction d'une plus grande église en l'honneur du Sauveur.

Pourtant nos prélats n'avaient point négligé la défense des privilèges de leur Eglise, malgré les calamités de ces temps troublés, puisque dès l'année 828, **Benoît** avait fait prévaloir ses droits de métropolitain et qu'il se trouve qualifié de ce titre dans les capitulaires de Louis-le-Débonnaire.

Vers le commencement du XIme siècle, la ville renaissait de ses ruines. Elle était divisée en trois parties bien distinctes ; la *Ville des Tours* ainsi nommée des ouvrages de défense qui entouraient la demeure des Evêques ; elle avait pour principale église, N. D. de la Seds, la première cathédrale de la cité et s'étendait dans le quartier actuel des Minimes ; la *Ville Comtale* qui entourait le palais des Comtes de Provence (emplacement du palais de justice actuel) ; le *bourg St-Sauveur*, ainsi nommé de l'oratoire bâti par S. Maximin et qui formait autour de ce modeste édifice un groupe carré d'habitations compris entre la porte Notre-Dame et celle de la Grande-Horloge, les rues de Venel et du Séminaire.

Il n'existait à cette époque aucune église dans l'enceinte de la Ville Comtale ; l'église paroissiale de la Madeleine, qui était déjà une vicairie dépendante du Chapitre, s'élevait hors des murs de la Ville Comtale dont le rempart oriental passait sur la ligne des maisons qui font face à l'entrée du palais de justice actuel ; elle était située à peu près, à l'endroit où se trouve aujourd'hui l'hôtel de la Mule-Noire et ce n'est qu'en 1351 qu'on la transféra dans un nouvel édifice élevé sur le sol de la rue qui s'appelle actuellement de l'*Ancienne-Madeleine*.

Quant au bourg St-Sauveur, il ne possédait encore que le petit oratoire de S. Maximin, absolument insuffisant pour sa population. C'est ce qui décida l'archevêque **Rostang d'Hières** tout d'abord (1060) et plus tard **Pierre II**, son successeur (1080) à faire appel aux fidèles pour la construction d'une église plus grande dont le prévôt du Chapitre, *Benoît*, hâta l'édification de tout son dévoûment. Le nouvel édifice fut consacré le 7 août 1103, par l'archevêque **Pierre III**me du nom. C'est la nef romane de notre métropole. Le cloître adjacent du même style est aussi de cette époque et servit à l'habitation des Chanoines qui abandonnèrent alors l'ancienne cathédrale de N. D. de la Seds, auprès de laquelle pourtant nos Archevêques sont demeurés bien longtemps encore.

De la construction de l'église romane de St-Sauveur jusqu'à son agrandissement en cathédrale gothique (1282) il est bon de noter comme évènements importants, l'augmentation du nombre des Chanoines qui fut porté de 12 à 20 par l'archevêque **Foulques** (1115); la publication de la première chronique connue des Croisades, en 1184, par le chanoine *Albert*, sacriste de l'Eglise d'Aix ; le passage sur notre siège métropolitain de **Guillaume** *Vice-Dominus* devenu, tour à tour, cardinal, évêque de Pénestre,

Souverain-Pontife élu et qui mourut, le jour même de son élévation à la Papauté (1276).

Vice-Dominus fut le premier de nos Archevêques honoré de la pourpre. Le Siège d'Aix en a compté onze autres dans les six siècles qui nous séparent de cette date. Ce sont les cardinaux : Arnaud (1312), Guillaume I*er* de Mandagot (1317), Pierre V des Prés (1319), Pierre VI d'Auriol (1321), François Thebaldeschi (1379) d'après Sobolis, Bouche et Pitton, Guillaume II Fillastre (1424), Bernard (1444), Laurent II Strossi (1568), Michel Mazarin (1645), Jérôme de Grimaldi (1640), Bernet (1846). Les cardinaux de Richelieu et de Boisgelin ne devinrent princes de l'Eglise qu'après avoir quitté notre Siège Archiépiscopal.

Le grand œuvre de nos prélats, au Moyen-Age, fut la construction de leur Métropole. **Grimier** en commença la bâtisse en 1282, par l'adjonction au chevet de la nef romane du transept méridional de la nouvelle basilique. **Rostang de Noves** (1283) fit le sanctuaire, le chœur et une partie de la grande nef. **Jacques de Concos** jeta les fondements du clocher en 1323. **Arnaud II de Barchesio** mit la main à la construction du nouveau palais archiépiscopal adjacent à l'église St-Sauveur (1331), **Aymon** *(Alias :* Avenio) **Nicolaï** acheva la construction du clocher, fit placer la grande sonnerie qui se composait de 8 belles cloches et bâtit la chapelle absidale de St-Mitre (1422) ; on lui doit également l'aile orientale de l'Archevêché. Enfin **Olivier de Pennard** termine la nef de Notre-Dame d'Espérance (1477) et le portail qu'il avait commencé est achevé sous **Antoine Imbert**, dit *Fiholi*, qui consacra la nouvelle Métropole en 1534.

Pendant que plusieurs de nos Pontifes s'occupaient ainsi à parer leur Eglise, d'autres ne l'honoraient pas moins par leur piété, leur génie, leur dévouement et toutes les illustrations que l'on s'attend à rencontrer chez les grands évêques.

Le cardinal **Pierre V d'Auriol**, franciscain (1321), préludait par une magnifique profession de foi en l'Immaculée Conception à la proclamation de ce dogme, avec une avance de cinq siècles et laissait au monde savant des commentaires les plus estimés sur l'Ecriture, en plusieurs volumes in-folio.

Armand de Narcisso (1337) se dévouait avec un zèle au dessus de tout éloge pendant la peste, dite de la *grande mortalité*. C'est ce prélat qui consacra la ville à la Sainte Vierge, fit placer son effigie sur toutes les portes, établit le chant de son office quotidien à la Métropole et fut ainsi, le promoteur de ce culte populaire que notre cité n'a jamais cessé de témoigner à la Mère de Dieu.

L'archevêque **Guillaume II Amici** mourait en odeur de sainteté, en 1360, avec le titre de patriarche de Jérusalem.

Thomas de Puppio était nommé, par bulle d'Alexandre V en 1409, premier chancelier de l'Université d'Aix, récemment fondée. Ce prélat, né à Aix, était un jurisconsulte distingué et l'un des premiers bibliophiles de son temps.

Le cardinal **Guillaume Fillastre** commenta la cosmographie de Ptolomée et l'illustra de cartes qui au témoignage des hommes les plus compétents firent faire à l'histoire de la géographie d'immenses progrès. (Bulletin de la Société de Géographie, février 1842).

Cette liste de prélats remarquables ne saurait mieux être terminée que par le nom de **Pierre VIII Fiholi** (1508). Originaire de notre ville, d'après Pitton, Pierre Fiholi débuta dans la vie publique par la charge de premier président à la Cour des Comptes de Paris, négocia la ligue de Blois, devint archevêque d'Aix en 1508 avec la double qualité de lieutenant du roi en Provence et de grand chancelier de l'Université, acheva la construction du palais archiépiscopal et à l'âge de 96 ans fut nommé gouverneur de Paris et de l'Isle-de-France. Il mourut dans la capitale, plus que centenaire et fut inhumé en 1540, dans l'église des Frères-Mineurs de cette ville.

Cette dernière date nous signale le commencement des

guerres de religion. C'est en effet du 18 novembre 1540 qu'est daté le fameux arrêt du Parlement d'Aix contre Mérindol et les lieux avoisinants, devenus le repaire des anciens Vaudois et des nouveaux réformés. Son exécution, qui fut pourtant suspendue pendant cinq ans entiers pour laisser aux condamnés le temps de s'amender, donna lieu à des actes de barbarie que l'histoire a justement flétris mais qui ne sont pas du ressort de cet abrégé.

Quant à notre catholique cité, elle ne put rester indifférente devant les premiers excès des huguenots. Dès que la réforme prétendit s'imposer à Aix comme culte public, elle y souleva d'unanimes protestations dans le peuple. Les insolences des uns attirèrent de terribles représailles de la part des autres; mais ce qui mit le comble au mécontentement des catholiques d'Aix fut la fameuse journée des Epinards (25 avril 1562).

La procession générale qui avait lieu ce jour là se rendait, suivant l'usage, à la chapelle de St-Marc de l'Arc, sur la route de Toulon. Comme les fidèles y allaient pieds nus, les soldats huguenots n'imaginèrent rien de plus vexant pour eux que de semer la route de graines d'épinards. Le pieux cortège fut bientôt interrompu et les pèlerins durent rentrer, les pieds en sang, dans la ville, au milieu des huées poussées par les religionnaires.

Le 3 mai suivant, la confrérie des pénitents noirs se chargea de réparer l'attentat commis contre les catholiques. Sortie processionnellement de sa chapelle pour aller à l'ermitage de Ste-Croix, elle assaillit à coups de pierre, le corps de garde protestant établi à la porte des Cordeliers et le mit en fuite, tandis que d'autres confédérés s'emparaient de l'Hôtel-de-Ville et triomphaient ainsi de la réaction protestante qui ne put jamais plus s'établir dans Aix.

Si le peuple se laissait aller à ces violences, nos prélats faisaient appel pour la même cause à des moyens plus humains et plus dignes de leur saint ministère. C'est ainsi que nous voyons l'archevêque **Antoine Fiholi** prendre la part la plus active au Concile de Trente, assemblé pour rémédier aux maux de la Réforme et s'y distinguer par sa motion célèbre en faveur de l'Immaculée Conception. C'est ainsi que sous l'épiscopat de **Laurent Strozzi**, le Chapitre fit appel à l'éloquence du Père *Stiventis* dominicain pour instruire le peuple de l'excellence du sacrifice de la Messe, objet particulier des négations de l'hérésie. L'histoire rapporte que le zélé religieux terminait toute ses instructions par cet aphorisme invariable : *la messo sara jamaï leissado*. L'établissement du *Dimanche du pardon*, en l'honneur du Saint-Sacrement, remonte à la même époque et n'eut pas d'autre mobile.

A ces troubles occasionnés par les passions religieuses et au scandale que donna par son apostasie publique le malheureux prélat Jean de Saint-Chamond (25 décembre 1566), la peste vint ajouter ses horreurs. Le surnom de *grande* qui lui est resté relève d'autant plus le mérite de ceux qui à l'exemple du chanoine *Matal* se dévouèrent, jusqu'au péril de leur vie, à soigner les malades atteints de la contagion.

En 1583, la Ligue reprit les hostilités des précédentes guerres de religion. Notre cité, toujours éminemment catholique, se déclara pour elle contre le roi. La lutte fut acharnée et aboutit au siège de la ville par le duc d'Epernon en 1593. C'est à l'occasion de ce siège que le consul Chavignot fit matelasser le clocher de St-Sauveur pour le préserver des ravages de l'artillerie royale et que nos pères, batailleurs obstinés, imaginèrent, faute de meilleures pièces, d'employer, en réponse au feu des batteries du duc d'Epernon, de simples canons de bois.

Gilbert Génébrard, archevêque d'Aix, était à cette époque l'âme de la Ligue dans notre cité. Bien différent de son prédécesseur, **Alexandre Canigiani**, le Charles Borromée de notre siège, qui assembla le Concile d'Aix de 1585 et vécut en religieux dans son palais, Génébrard avait un génie ardent qui le rendait admirablement propre à la lutte. Soldat malheureux d'une cause pour laquelle il était sincèrement passionné, il eut à subir les fatales conséquences de sa défaite et fut exilé, après le triomphe de Henri IV, dans son prieuré de Semur en Auxois. La fougue de son caractère ne doit point cependant faire oublier à l'histoire impartiale qu'il fut l'un des plus savants hommes de son temps, qu'il savait l'hébreu jusqu'à prêcher aux juifs, trois fois par semaine, en cette langue, qu'il a laissé une collection d'ouvrages extrêmement estimés et, surtout, que S. François de Sales se glorifiait d'être son disciple.

Le XVIIme Siècle rendit la paix à l'Eglise d'Aix. Si les troubles du Sémestre, de la Fronde et des Sabreurs [1], eurent des échos dans notre histoire religieuse, ils n'empêchèrent pas, du moins, la prospérité de renaître dans le domaine général de la foi et de la discipline chrétiennes. Sous **Paul Hurault de l'Hôpital**, successeur de Génébrard, plus de sept ordres religieux furent établis à Aix. Mgr **de Bretel**, successeur du cardinal **de Richelieu**, frère du ministre et notre archevêque, autorisa la fondation des Filles de la Miséricorde par le P. Yvan, mort en odeur de sainteté. Le cardinal **Mazarin**, frère du ministre attacha son nom à la construction du quartier d'Orbitelle et mourut vice-roi de Catalogne et ambassadeur de France à Rome, ainsi que le constate son mausolée élevé dans l'église de la Minerve.

Mais aucun évêque du grand siècle n'illustra davantage l'Eglise d'Aix que le cardinal **de Grimaldi**. Après avoir été successivement gouverneur de Rome, nonce apostolique

---

[1] Par exemple : la journée de *St-Sébastien* 20 janvier 1669, signalée par l'assaut que le peuple en furie fit de la sacristie de la Métropole où le chanoine Duchaîne avait barricadé les Consuls menacés de mort. — La scène de désordre qui eut lieu à St-Sauveur, le 28 avril 1683, par suite d'un conflit de préséance entre le Parlement et la Cour des Comptes, lorsque le conseiller de Lincel mit en joue le premier président Arnoul Marin. — L'émeute à laquelle le cardinal de Grimaldi arracha le premier président d'Oppède, en l'enveloppant de son manteau, au travers de la foule menaçante, depuis le palais jusqu'à l'archevêché.

en France, décoré de la pourpre en 1643, il fut nommé au siège métropolitain de notre ville qu'il devait honorer, pendant 30 ans, de toutes les vertus épiscopales. Malgré la magnificence qu'il déploya dans toutes ses créations, notamment dans la construction du beau château de Puyricard qu'il légua à la mense archiépiscopale, il trouva le moyen de faire, sa vie durant, 25,000 écus d'aumônes par an aux pauvres.

C'est lui qui fonda et dota le Grand Séminaire, érigea la nouvelle paroisse du St-Esprit, établit à ses frais des missions dans toutes les paroisses du diocèse, décréta l'innamovibilité des curés dans le diocèse et autorisa l'établissement de quatre nouvelles communautés religieuses dans la ville d'Aix. Pendant son long épiscopat, il n'avait jamais manqué à la résidence que pour se rendre au Conclave où il concourut successivement à l'élection de quatre papes. Doyen du Sacré-Collège, il préféra aux honneurs qui l'attendaient à Rome le séjour de son Eglise qu'il aimait passionnément. Sa mort fut un deuil public ; il n'eut pas d'autres héritiers que le Séminaire, la Métropole et les pauvres auxquels il légua, par testament, 30,000 livres.

Daniel de Cosnac lui succéda. Il s'est trop fait connaître par ses curieux *Mémoires* pour que nous éprouvions le besoin de dire que la succession d'un homme tel que le cardinal de Grimaldi fut trop forte pour lui.

Les trois prélats qui gouvernèrent l'Eglise d'Aix pendant le XVIIIme Siècle ne furent pas indignes de clore momentanément la glorieuse génération de ses pontifes.

Gaspard de Vintimille (1708) se signala par un dévouement héroïque durant la peste de 1720, réforma le Propre du Diocèse et devint archevêque de Paris en 1729.

J.-B. de Brancas illustra les quarante et un ans de son épiscopat par ses vertus exemplaires, un grand amour des pauvres et les créations les plus utiles, entre autres, le Petit-Séminaire, l'aîle des convalescents à l'Hôtel-Dieu, l'Œuvre des Servantes et des Enfants Abandonnés et les Ecoles Chrétiennes.

Enfin, **Jean de Dieu-Raymond de Boisgelin** (1770), après s'être distingué comme procureur-né du pays de Provence, dont le titre était uni à celui d'Archevêque d'Aix, par la création de belles routes et du canal qui porte encore son nom, ne rendit pas moins de services à l'Eglise. C'est lui qui apaisa une émeute en remettant 100,000 francs aux Consuls pour l'achat de grains et qui fut acclamé à la Métropole par le peuple en reconnaissance de ce bienfait. C'est encore lui qui, député aux Etats-Généraux de 1789, offrit à l'Assemblée Nationale un tribut de 400 millions au nom du Clergé de France, combattit, par un écrit devenu célèbre, la Constitution Civile du Clergé et fut bientôt contraint de s'exiler en Angleterre.

De retour en France en 1801, il fut transféré à l'archevêché de Tours et nommé Cardinal en 1803. Il était membre de l'Académie Française depuis 1776.

III

Pour mieux comprendre l'étendue des ravages que la Révolution a faits dans le domaine religieux de notre pays, il convient de dresser, avant d'aborder leur récit, l'inventaire exact des trésors que possédait la ville d'Aix à la veille de cette époque fatale.

Métropole civile de la seconde Narbonaise depuis le IVme Siècle, notre cité n'avait point tardé à conquérir le titre de **Métropole ecclésiastique**, malgré les incessantes réclamations des Archevêques d'Arles. Cinq évêchés dépendaient de l'Archevêché d'Aix : Fréjus, Riez, Apt, Sisteron et Gap.

Nos Archevêques devenaient, par leur titre, présidents-nés des Etats-Généraux de Provence, premiers procureurs du pays, chanceliers de l'Université et chefs de la Chambre Souveraine Ecclésiastique d'Aix [1].

---

[1] Les Chambres Souveraines Ecclésiastiques étaient une sorte de Cour de Comptes pour les finances du Clergé. Elles furent établies par Henri III, au nombre de sept. Celle d'Aix

Le Diocèse comprenait 86 paroisses dont 62 en deçà de la Durance et 24 au delà.

Le **Chapitre Métropolitain** de Saint-Sauveur, dont on connaît 54 Prévôts depuis Benoit, se composait de 20 Chanoines, de 20 Bénéficiers, de 40 Chapelains et d'un corps de musique ou Maîtrise qui a produit, entre autres illustrations, *Campra* dans le siècle dernier et *Félicien-David*, dans le nôtre. Le Chapitre a conservé pendant tout le Moyen-Age la suzeraineté temporelle sur le bourg St-Sauveur et a donné à l'Eglise un grand nombre de prélats parmi lesquels sept cardinaux.

Il y avait, en 1789, quatre **paroisses** à Aix : la *Métropole* dont la cure a toujours été unie au Chapitre ; la *Madeleine*, dont le siège était sur l'emplacement de la rue qui porte encore son nom et fut transféré en 1794 dans l'église des Prêcheurs ; le *St-Esprit* ou St-Jérôme, paroisse établie en 1670 dans l'église de l'ancien hôpital du même nom ; *St-Jean-Baptiste* du Faubourg, érigé en paroisse en 1704 et dont l'administration fut confiée aux PP. Doctrinaires.

Les **ordres religieux** étaient des plus nombreux dans la ville. Citons : les *Chevaliers de Malte* établis en 1180 et qui héritèrent des biens des Templiers supprimés à Aix en 1308. Leur commanderie se trouvait dans le local du Musée actuel de la ville et leur belle église du XIIIme Siècle, gardienne des tombeaux de nos Souverains, est devenue paroisse depuis le Concordat.

Les *Dominicains* (1218), fixés depuis 1277 dans leur cloître de la place des Prêcheurs.

Les quatre familles de S. François : les *Cordeliers* (1220) auprès de la porte de ce nom ; les *Observantins* (1464) le long de la lice du rempart, entre la rue des

avait dans son département, la Métropole d'Aix, celle d'Arles, celle d'Embrun et leurs suffragants. plus Avignon, Carpentras. Cavaillon et Vaison, c'est-à-dire toute la Provence et tout le Comtat.

Guerriers et celle des Etuves ; les *Capucins* (1581) à l'hospice actuel des Incurables, avec la chapelle de l'Hôpital pour église ; les *Recollets* à la maison du Noviciat de St-Thomas-de-Villeneuve, à l'extrémité du cours St-Louis.

Les *Carmes* (1248), passage Agard, et les *Carmes Déchaussés* (1637), emplacement de la gare des marchandises.

Les *Augustins* (1297), en face de l'église paroissiale du St-Esprit ; le clocher de leur couvent subsiste encore et sert d'horloge publique, et les *Augustins Déchaussés* (1617), au quartier de St-Pierre, entre la cour de la caserne d'Italie et la traverse du cimetière.

Les *Religieux de la Merci* (1259), leur dernier établissement, rue du Bœuf, local des bains publics.

Les *Servites* établis dans l'église de l'Annonciade dont les restes sont visibles à l'extrémité méridionale de la rue Verrerie, (1515).

Les *Minimes* (1556) à Notre-Dame de la Seds.

Les *Oratoriens* (1601), maison actuelle de la Présentation, rue du Bon-Pasteur.

Les *Jésuites*. La première pierre de la belle église de leur collège fut posée en 1681. Ils en avaient obtenus la direction par lettres patentes du 6 février 1621.

Les *Chartreux* (1624) beau couvent sur l'emplacement de la rue du même nom, au Faubourg.

Les *Trinitaires* (1622) ; couvent actuel des Capucins, à l'extrémité du cours de la Trinité.

Les *Feuillants* ou *Bénédictins* de Citeaux (1556) ; leur couvent était situé à l'angle des rues Mazarine et des Quatre-Dauphins, maison de M. Arbaud.

Les *Doctrinaires*, à la cure du Faubourg (1680).

Les *PP. Picpus*, à l'église aujourd'hui démolie de N. D. de Beauvezet.

Si on ajoute aux vingt communautés religieuses d'hommes que nous venons d'énumérer, les *Dominicaines* de l'abbaye royale de St-Barthélemy (1290) à l'entrée de la rue Bellegarde ; les *Clarisses* (1312) rue Ste-Claire ; les *Ursulines* du 1er couvent (rue St-Sébastien) ; les *Ursulines* du 2me couvent ou les Andrettes (chapelle du collège Bourbon) ; les *Visitandines* du 1er couvent (rue Bellegarde, cloître des Ursulines actuelles) ; les *Visitandines* du second couvent (à la Plate-Forme) ; les *Carmélites* (place de ce nom) ; les *Filles de N. D. de la Miséricorde* (rue de ce nom) ; les *Bernardines* (rue de ce nom) ; les *Bénédictines* (lycée actuel) ; les *Dames du Bon-Pasteur* (1629) dans le local de l'Orphelinat actuel de la Providence ; les *Filles de l'Espérance* et *de la Pureté*, etc., etc..., on aura un total de plus de 30 couvents tous situés dans l'enceinte d'une ville qui semblait être devenue la terre classique de la vie religieuse.

Les **établissements charitables** inspirés par le sentiment chrétien n'étaient pas moins florissants à Aix. Citons : la Maison de St-Lazare pour les lépreux ; l'hôpital St-Michel, pour les passants (1352) ; Notre-Dame de Beauveset *(domus Eleemosynæ)* fondée en 1231 ; l'hospice St-Antoine (1361) pour le traitement du feu sacré ; l'Hôpital-Général St-Jacques, fondé par Jacques de la Roque, en 1519 ; l'hospice St-Eutrope, pour les hydropiques (1469) ; la Miséricorde, pour les pauvres honteux, fondée par de pieux marchands ; l'hôpital général de la Charité (1641) ; les Incurables, dotés par André de la Garde (1722) ; l'hôpital du St-Esprit, pour les orphelins (1243) ; les Infirmeries ou hospice des pestiférés (1563) sur les bords de l'Arc ; l'hospice des Insensés, doté par Mgr de Cosnac (1691) ; l'asile des Enfants Abandonnés établi par Mgr de Brancas ; celui des Enfants Rouges, sous la direction des Pères de l'Oratoire ; le Refuge, rue des Champs, etc...

La ville possédait aussi, avant 1789, quatre confréries de Pénitents, les blancs, rue du Louvre ; les pénitents noirs, rue de ce nom ; les pénitents gris dit bourras, pour l'ensevelissement gratuit des pauvres ; les pénitents bleus pour la sépulture des pauvres supliciés, rue du Bon-Pasteur,

Quant aux diverses corporations pieuses, œuvres et autres confréries, les limites de cet aperçu ne nous permettent pas d'en parler.

Tel fut l'admirable trésor de foi et de charité que dilapida la grande Révolution.

Par le décret du 12 juillet 1790, la ville d'Aix devint la Métropole des Côtes de la Méditerranée et, l'évêché de Marseille étant supprimé, notre diocèse comprit le nouveau département des Bouches-du-Rhône.

En 1791, l'intrus Benoit Roux était nommé évêque constitutionnel par le suffrage de 510 électeurs de toute religion, tumultueusement assemblés sous les voûtes de la Métropole. Trois ans après, il expiait son crime dont il se repentit avant de mourir, en montant sur l'échafaud, à Marseille.

Un ex-Augustin, apostat comme lui, prit sa place en 1797. Jean-Baptiste Aubert, le nouvel intrus fut sacré à la Métropole et ne put jamais triompher de l'aversion qu'il inspirait à la grande majorité des fidèles demeurés ferme dans leur attachement au pasteur légitime, Mgr de Boisgelin. Après le Concordat, il se démit de sa prétendue dignité et mourut, en 1810, à Fontvieille dans les meilleurs sentiments.

Le Concordat qui rendit la paix à l'Eglise de France releva notre siège et fit un avenir au glorieux passé de notre histoire religieuse. Ce fut Mgr **de Cicé**, précédemment archevêque de Bordeaux, et garde des sceaux sous le règne de Louis XVI, qui fut appelé à renouer la succession des successeurs de S. Maximin. Il accomplit des merveilles d'organisation dans l'Eglise d'Aix alors agrandie des diocèses de Marseille et de Fréjus et joignit à son titre celui d'archevêque d'Arles.

Il a eu pour successeurs, depuis 1810, sur le Siège Archiépiscopal, NN. SS. **de Bausset**, comte et pair de France (1817-1829); **de Richery** (1829-1830) ancien chanoine de St-Sauveur comme son prédécesseur; **Raillon** (1830-1835); le cardinal **Bernet** (1836-1846); **Darcimoles** (1846-1857); **Chalandon** (1857-1873) et Monseigneur Théodore-Augustin **Forcade**, ancien évêque de la Basse-Terre et de Nevers, actuellement archevêque d'Aix, Arles et Embrun, ce dernier titre ayant été ajouté aux deux premiers sous l'épiscopat de Mgr de Bausset.

Le **Chapitre** rétabli par Mgr de Cicé compte aujourd'hui, avec les trois Archidiacres, 10 Chanoines titulaires, 6 Prébendés et 12 Mansionnaires. La **Maîtrise capitulaire**, uniquement soutenue par l'Œuvre de S. Maximin, n'est pas indigne de ses fastes antiques.

La ville compte cinq **paroisses** dont trois sont des doyennés de 1re classe : la Métropole St-Sauveur, le St-Esprit et la Madeleine ; la quatrième est une cure de 2me classe, St-Jean-de-Malte et la cinquième, St-Jean du Faubourg, une succursale.

Elle possède également trois établissements d'**éducation diocésaines** : le G^d-Séminaire, sous la conduite de MM. de St-Sulpice ; le Petit-Séminaire et le Collège Catholique ou École libre du Sacré-Cœur, dirigés par des prêtres du diocèse.

Les **ordres religieux** d'hommes sont représentés à Aix par les Capucins, les Jésuites, les Oblats, les Pères de la Retraite et les Frères des Écoles Chrétiennes.

Les congrégations de femmes, par les Carmélites, les Capucines, les Ursulines, les Dames du St-Sacrement, les Filles de la Charité, les religieuses hospitalières de S. Thomas de Villeneuve (maison mère), celles du Sacré-Cœur, de l'Espérance, de la Nativité de Jésus, de la Présentation, de S. Joseph des Vans et des Sœurs de la Retraite. A l'exception des deux premières communautés énumérées dans cette liste, qui s'adonnent exclusivement à la vie contemplative, toutes les autres sont vouées à l'éducation chrétienne des jeunes filles.

Nous bornons à ces rapides détails l'abrégé de l'histoire religieuse de la ville d'Aix. Quoiqu'ils soient des plus concis et par trop incolores pour un sujet de cette importance, ils sauront donner aux lecteurs de notre *Guide* une idée suffisante de ce côté si glorieux de nos annales.

RENSEIGNEMENTS GÉNÉRAUX

On arrive à Aix en chemin de fer en venant de la *ligne du Nord*, Paris, Lyon, Avignon, etc., par Rognac à l'aide de 6 trains par jour. En venant de la *ligne des Alpes*, Grenoble, Sisteron, Pertuis, etc., par 4 trains. En venant de la *ligne d'Italie*, Nice, Toulon, etc., par 6 trains. En venant *du Languedoc*, Cette, Montpellier, Lunel, etc., par 4 trains. De la *ligne du Var*, Carnoules, St-Maximin, Brignoles, etc., par 4 trains. De la *ligne de Marseille*, à l'aide de 6 trains par Gardanne et de 6 trains par Rognac.

On trouve à la gare d'arrivée des omnibus pour les principaux hôtels, ainsi que des omnibus qui rendent à domicile, au prix de 35 c. par place, non compris les bagages que l'on paye en raison du poids, et enfin des voitures de louage dont le prix est en raison de la course.

On part d'Aix en chemin de fer pour la *ligne du Nord* à l'aide de deux trains le matin et trois l'après-midi par Rognac. Pour la *ligne des Alpes* par deux trains du matin et deux l'après-midi. Pour la *route d'Italie* par quatre trains du matin et trois l'après-midi. Pour *le Languedoc* par deux trains du matin et deux de l'après-midi. Pour *le Var* par un train du matin et deux de l'après-midi. Pour *Marseille* douze fois par jour, sept par Gardanne et cinq par Rognac.

Service de **Voitures publiques** pour diverses localités, sur le cours Mirabeau, telles que Digne, Riez, St-Cannat, Lambesc, Pont-Royal, Alleins, Mallemort, Rognes, Laroque, Meyrargues, Peyrolles, Jouques, Rians, Pélissanne, Salon, Charleval, Berre, Pertuis, la Tour-d'Aigues ; le départ de ces voitures a lieu à 2 h. 1/2 de l'après-midi.

Loueurs de voitures. Fortuné, rue d'Italie, 9 ; Albert Gibert, rue du Bœuf, 7 ; Jourdan, au haut du cours Mirabeau ; Labonde François, rue Mazarine ; Richier, cours Sextius, 2 ; Marron fils, rue du Quatre-Septembre, 5 ; Vastel, avenue de la Gare ; Gibert, frères, cours Mirabeau, 48.

Principaux Hôtels. Hôtel de la Mule-Noire, rue de La Cépède (table d'hôte) ; hôtel Nègre-Coste, cours Mirabeau (table d'hôte) ; hôtel des Bains-Sextius, au cours Sextius ; hôtel du Palais, rue Chastel, 3 ; hôtel du Louvre, rue de la Masse, 1 ; hôtel de France, rue Espariat.

Autres Hôtels, de la Croix-de-Malte, rue Vanloo, 2 ; de l'Aigle-d'Or, rue Granet ; du Lion-d'Or, rue Saint-Laurent ; du Luxembourg, rue Espariat.

Les *Aubergistes et Cabaretiers* sont au nombre d'environ 30 disséminés dans la ville et sur les boulevards.

Maisons meublées. Il n'y a point de maisons entièrement consacrées à cette industrie dans Aix, mais on trouve dans tous les quartiers des appartements meublés.

Principaux Restaurants. Comeyras, (restaurant du Nord), cours Mirabeau, 36 ; Convert (brasserie), cours Mirabeau, 51 ; Degurce, rue des Grands-Carmes ; Sousié, rue Espariat, 23.

Autres Restaurants. Arnaud, au Veau-qui-Tête, rue Rifle-Rafle, 8 ; Beneyton, la Fourmi-Laborieuse, rue de la Glacière, 7 ; Bouzon, buffet de la gare ; Daniel, rue Saint-Claude, 8 ; Gleize, cours Mirabeau, 15 ; Gras, restaurant Bellegarde, boulevard St-Louis, 2 ; Joly, le Petit-St-Jean, rue de la Masse ; Petit, restaurant de l'Union, rue du Trésor, 9 ; Pezet, Café-Restaurant, cours de l'Hôpital, 10 ; Porte, Café-Restaurant de la Gare, avenue de la Gare, 10 ; Segond, restaurant des Quatre-Nations, rue des Cardeurs, 23, et place des Tanneurs, 30 ; Seignon, avenue de la Gare.

Cafés. Les principaux sont situés sur le cours Mirabeau, ils sont au nombre de 14 : Cafés du Luxembourg, n° 17 bis ; Sauvaire, 17 ; Clément, 14 ; du Commerce, 43 ; des Deux-Garçons, 53 ; de France, 64 ; Leydet, 52 ; Raphaël, 36 ; Oriental, 13 ; de Paris, 59 ; des Voyageurs, 11 ; du Trocadéro, 44 ; d'Apollon, 34 ; Chaspoul, 37 ; Brasserie Centrale, 9.

On trouve dans les divers quartiers de la ville les *Cafés* des Arts, rue St-Laurent ; Central, rue des Cordeliers ; des Bagniers, rue des Chapeliers ; Espitalier, place de la Rotonde ; d'Europe, place des Prêcheurs, 4 ; Granet, rue Granet, 17 ; du Faubourg, cours Sextius, 46 ; de l'Opéra, rue de l'Opéra ; Suzanne, cours de l'Hôpital 10 ; du Marché, place aux Herbes ; du Midi, rue Peyrese, 8 ; de la Paix, rue Nazareth ; du Palais, place des Prêcheurs, 6 ; St-Laurent, rue St-Laurent, 5 ; de la Bourse, place des Maronniers ; Meiffred, cours de l'Hôpital ; Sextius, cours Sextius, 37 ; du Jardin Chinois, cours St-Louis ; des Augustins, rue Villeverte, 6 ; Brasserie de la Rotonde, cours de la Rotonde.

Confiseurs et Patissiers chez lesquels on donne aussi à boire : André, place des Prêcheurs, 3 ; Aufan, rue Espariat, 49 ; Bremond, cours Mirabeau, 28 ; Bicheron, place St-Honoré ; Cangina, rue du Louvre, 1 ; Duranton, rue Thiers, 2 ; Illy, (torques), rue Espariat 51 bis ; Nicolas, rue des Cordeliers, 67 ; Parli, rue des Orfèvres, 3 ; Pigot, rue des Cordeliers, 34 ; Quebatte, rue de la Grande-Horloge, 1 ; Reiderer, rue Thiers, 6 ; Rolland, rue d'Italie, 16.

Débits de Tabacs où l'on peut boire des liqueurs sur place, dans tous les quartiers de la ville.

Bains publics. cours Sextius (eaux minérales) ; rue de la Monnaie, 7 ; rue du Bœuf, 27 ; bains Reynier, boulevard Notre-Dame.

VOIES DE COMMUNICATION

Plusieurs chemins de fer assurent les communications de la ville d'Aix. Le plus ancien est l'embranchement de Rognac sur la grande ligne de **Marseille à Paris** qui avait été décrété comme tête de chemin de fer sur l'Italie ; cet embranchement entre Aix et la ligne de Lyon a un parcours de 26 kilom. et trois stations les Milles, Roquefavour et Velaux. Des rampes de 15 millim. établies entre Aix et les Milles et combinées avec des courbes, rendent la traction assez difficile sur ce point. Il ne présente aucun ouvrage d'art remarquable, mais il emprunte une des arches du pont aqueduc du canal de Marseille à son passage à Roquefavour et permet de voir dans tout son développement cette œuvre grandiose.

Le chemin **d'Aix aux Alpes** joint aux abords de Pertuis la ligne d'Avignon à Gap et Grenoble. D'Aix à Pertuis il se développe sur 32 kilom. alors que la route de terre n'en a que 22, on y rencontre deux souterrains inférieurs à 1000 mètres, l'un pour traverser la chaîne d'Eguilles, l'autre aux abords de Meyrargues, les rampes fortes s'y multiplient, le travail le plus important est le viaduc sur la Durance qui a 250 mètres de longueur. Les voyageurs d'Aix à Avignon peuvent prendre cette ligne jusqu'à Pertuis.

Le chemin d'**Aix à Marseille** a 34 kilom. alors que la voie de terre entre ces deux localités n'en a que 29, à Gardanne il rencontre la ligne du Var, allant joindre à Carnoules la ligne de Toulon à Nice. Cette ligne est très tourmentée les courbes s'y multiplient ainsi que les pentes et rampes, les travaux les plus remarquables sont les viaducs sur l'Arc près Aix et sur le ruisseau de St-Antoine ; à l'entrée du territoire de Marseille, la voie est presque toujours emprisonnée dans les déblais à l'exception de la sortie du viaduc de St-Antoine, au delà duquel on découvre bientôt, le riche territoire de Marseille et sa magnifique rade, il y a 7 stations sur la ligne.

Des projets existent pour relier Salon à Aix par la gare de La Calade sur la voie des Alpes, et le chemin du Var à l'embranchement de Valdonne par un raccord de Fuveau au puits Castelanne.

Trois routes nationales touchent à Aix la route n° 96 de **Toulon à Sisteron** par Roquevaire d'un coté et Venelles de l'autre, la route n° 7 de **Paris à Antibes**, c'est la route du Var passant par St-Maximin et la route n° 8 de **Paris à Toulon** par Marseille.

Les deux routes départementales n° 7 d'**Istres à Aix** et n° 13 d'**Aix à Rians**, partent d'Aix, cette dernière pour aboutir à Rians après Vauvenargues et dans le département du Var se transforme en chemin de grande communication. La route départementale d'**Aix à Martigues** emprunte de l'Arc à Aix la route nationale n° 8.

La ville d'Aix a dans son territoire un développement de 200 kilomètres de chemins vicinaux.

AIX

DESCRIPTION

Aix présente un air de grandeur qui éveille l'admiration des étrangers. Peu de cités offrent une entrée aussi grandiose que cette ville et des rues aussi bien alignées et bordées d'aussi beaux hôtels. Dix agrandissements successifs ont amené Aix au point où il se trouve aujourd'hui. Les divers faubourgs Sextius, Notre-Dame, St-Louis, Ste-Anne et le quartier naissant du chemin de fer entourent la ville qui compte 169 rues aboutissant à environ 20 places, cours ou boulevards. La démolition des anciens remparts qui a eu lieu en 1884 permet à la ville de s'agrandir de plus en plus; une seule chose est à regretter, c'est la démolition des anciennes portes de la ville dont quelques unes étaient très remarquables.

Pour permettre à l'étranger de voir rapidement l'ancienne capitale de la Provence, nous le conduirons par le chemin le plus naturel aux monuments qu'il devra visiter, et pour la description des autres curiosités, il devra recourir à la table.

En arrivant par le chemin de fer, la première chose qui frappe les yeux, c'est la *place de la Rotonde* ornée d'une **Fontaine monumentale** érigée en 1860 sur les dessins et sous la direction de M. de Tournadre, ingénieur des Ponts-et-Chaussées et Sylvestre, conducteur de la même administration. Le diamètre du bassin est de 32 mètres et sa hauteur de 12 mètres. Les trois groupes qui la surmontent représentent *la Justice* par Ramus, en face du cours Mirabeau; *l'Agriculture* par Chabaud, en face la route de Marseille et *les Beaux-Arts* par Ferrat en face la route de

Paris. *Les lions géminés et groupes d'enfants* en fonte de fer ont été faits sur les modèles de M. Truphème, *les groupes de dauphins* par Ferd. Michel; la *vasque en fonte* sort des ateliers de M. Berthet à Aix.

A l'entrée du cours se trouvent **deux groupes** représentant *les Sciences* et *les Lettres* à gauche ; *l'Industrie et l'Art décoratif* à droite dûs au ciseau de M. Truphème et récemment édifiés (14 juillet 1883) ; ils sont situés sur d'anciens fossés aujourd'hui comblés où se trouvait jadis une fontaine appelée *des Chevaux-Marins*, à coté de l'emplacement des deux pavillons démolis en 1882 et qu'on aperçoit surmontés d'un drapeau sur la gravure ci-contre représentant la place de la Rotonde lors de l'édification de la grande fontaine.

Le *Cours*, aujourd'hui *cours Mirabeau*, qui prend naissance à la place que nous venons de décrire, est le plus beau lieu de promenade de la ville, ayant 438 mètres de long sur 42 de large ; il a été construit sur l'emplacement des anciens remparts et des fossés lors du 9me agrandissement de la ville en 1658. Il est planté de 4 rangs de platanes qui ont remplacé les ormeaux abattus en 1830 et replantés ensuite sans succès ; les **maisons historiques** qui le bordent sont, à gauche en montant (n° 3), l'hôtel de M. Bessat, premier président de la Cour d'Appel ; c'était autrefois une hotellerie de voyageurs très renommée ayant nom, Hôtel du *Cours* et plus tard des *Princes* dans lequel descendaient les voyageurs illustres; c'est ainsi qu'y ont séjourné : les ambassadeurs Indiens envoyés à Louis XVI ; le général Bonaparte revenant d'Egypte ; le pape Pie VII qui y a couché dans la nuit du 4 au 5 août 1809 ; la reine Marie-Christine d'Espagne ; don Carlos, etc., etc. L'hôtel d'Arbaud-Jouques, (n° 19); de la Sous-Préfecture, (n° 21) : A droite en montant (n° 2) l'hôtel dit des *colonnes*, qui fut celui du duc de Villars; l'hôtel d'Isoard (n° 10) qui avait appartenu à la famille d'Entrecasteaux désormais célèbre par l'assassinat que le président de ce nom commit le 30 mai 1784 sur la personne de sa femme Angelique de Cas-

FONTAINE MONUMENTALE (Place de la Rotonde).

tellane ; l'hôtel de Forbin (n° 20) où bon nombre de princes et de princesses ont reçu l'hospitalité ; l'hôtel de Gueydan (n° 22) dont la dernière marquise de ce nom a fait cadeau à la ville en 1882, à condition qu'il servirait de logement au Premier Président de la Cour ; l'hôtel d'Espagnet (n° 38) au balcon soutenu par des caryatides. Enfin l'hôtel du Poët termine le Cours ; sa principale façade vise le couchant et c'est du haut du balcon de cette maison que Louis XVIII et Charles X virent une exhibition des jeux de la Fête-Dieu.

Pour suivre les maisons historiques nous avons laissé les **fontaines** mais il y a lieu de les mentionner. La première dite *fontaine des neuf canons* à cause des tuyaux qui versent l'eau ; la seconde est une *fontaine d'eau minérale chaude ;* la troisième est surmontée de la statue du Roi René sculptée par David (d'Angers) ; le prince est représenté tenant à la main le raisin muscat qu'il introduisit en Provence ; à ses pieds sont les emblèmes de la littérature et des beaux-arts ; deux médaillons sont placés de chaque côté du piédestal dont un représente Matheron, ministre et compère du roi et l'autre Palamède de Forbin, négociateur de la réunion de la Provence à la France. Ce monument fut inauguré le 19 mai 1823 en présence de Mme la duchesse d'Angoulême.

La place des Carmélites est en quelque sorte la continuation du Cours ; elle prend son nom de l'ancien couvent qui occupait toute l'île à droite avant l'agrandissement de ce côté de la ville. L'église aujourd'hui la propriété des Missionnaires Oblats est fermée en vertu des décrets iniques qui ont chassé de leur maison des religieux quoique légalement reconnus. Si le lecteur peut y pénétrer, il verra entr'autres objets le tableau représentant *Sainte-Thérèse aux pieds du Sauveur* dû au pinceau de F. Barbieri dit le Guerchin.

La rue Pont-Moreau, aujourd'hui rue Thiers, que devra prendre le voyageur pour se rendre à la place des

Prêcheurs n'offre rien à voir si ce n'est le fronton de la porte de la maison n° 2.

La place des Prêcheurs occupera un peu plus longtemps le touriste, car elle nous offre trois monuments :

L'église paroissiale de la Madeleine, que l'on aperçoit presque à l'extrémité de l'aile orientale de la place des Prêcheurs est celle de Sainte-Madeleine. Bâtie par les Dominicains, dont le nom est resté à la place, ce bel édifice fut occupé par eux jusqu'à la grande Révolution, époque où le culte constitutionnel y fut transféré de l'ancienne paroisse de la Madeleine, sise au midi du palais des comtes de Provence et précédemment, hors les murs, vers le bout de la rue Pont-Moreau.

La façade du monument (1855-1860) est de beaucoup plus récente que le vaisseau lui-même qui date de la fin du XVIIme siècle. Elle est de style renaissance ; la porte principale est surmontée d'un groupe en pierre de M. Bosc, représentant *Jésus dans la maison de Béthanie.*

L'église (62 mètres de long sur 24 de large et de haut) appartient au style grec ; elle affecte la forme d'une croix latine, se compose de trois nefs, dont les deux latérales sont arrêtées par un beau transept et se termine en un chevet demi-circulaire.

La première chapelle de la nef de droite en entrant dans l'église est occupée par les fonts baptismaux. Ce monument en forme de rotonde est soutenu par huit colonnes d'ordre ionique. On voit après, dans la seconde travée un beau tableau, la *Vision de Ste Thérèse* de Daret. Le *Saint Dominique recevant le rosaire* qui surmonte l'autel de ce nom (3me travée) est encore une toile de Daret.

La chapelle suivante, nouvellement construite, est dédiée au Sacré-Cœur.

Dans un enfoncement contigu à la chapelle de la Vierge qui termine cette nef, on remarque une *Présentation de Jésus au temple*, d'Alexandre Véronèse. Au dessus, excellent tableau de Mimault élève de Finsonius, le *Baptême de N. S.* Sur l'autel même qui est délicatement sculpté, se dresse une ravissante statue en marbre de la *Vierge*, chef-d'œuvre de notre compatriote Chastel.

Les tableaux qui décorent le bras droit du transsept sont au nombre de cinq : *Sainte Claire* refoulant les Sarrasins ; *Saint Elzéar* et *Sainte Delphine* (auteurs inconnus) ; une belle *Visitation* de Levieux ; *Salvator de Horta* guérissant des malades, ouvrage très estimé de Daret et l'*apothéose de S. Louis* par Vien, au dessus de l'autel dédié à ce saint.

Le chœur qui est séparé de la nef par une balustrade en marbre est orné, à la hauteur de la boiserie des stalles, de six statues représentant celles de droite : les prophètes Jonas et Elisée et l'apôtre S. Jacques le Majeur ; celles de gauche ; Daniel, David et S. André. Dans les chapelles qui s'ouvrent derrière les stalles, on remarque avec l'épitaphe d'Arnaud de Lamanon, dominicain et puis évêque de Sisteron, quelques vieilles toiles reproduisant des scènes de la vie de S. Augustin. Elles n'offrent d'autre intérêt que celui d'avoir servi à la décoration de la voûte de l'ancienne église des Grands-Augustins. Sur la droite du chœur, au dessus des stalles, s'élève la montre de l'orgue d'accompagnement.

Le sanctuaire est richement décoré de dorures qui encadrent sur les deux faces latérales une *Naissance de la Vierge* et une *Visitation* et au centre de l'abside, une fresque représentant la prolongation de l'édifice. Au dessus de la corniche cintrée qui domine l'autel on voit, en haut-relief, l'*apothéose de la Madeleine*, entourée d'anges qui portent ses attributs traditionnels.

Les bases des piliers de l'abside supportent des inscriptions latines consacrées : l'une au souvenir de la dédicace du maître-autel, et les trois autres, à la mémoire de MM. Isnardon, Auvet et Christol anciens curés de la paroisse.

Du côté de l'Evangile, une tombe à peu près fruste recouvre les restes du B. André Abellon, dominicain, mort à Aix, en odeur de sainteté, le 15 mai 1450.

En sortant du chœur pour entrer dans le bras gauche du transsept, nous signalerons au visiteur une *Sainte Made-*

leine de Serre, beau tableau qui décore l'autel de la patronne de la paroisse ; une toile des plus gracieuses de C. Vanloo, *un ange offrant à l'enfant Jésus les instruments de la passion ;* le *martyre de S. Cyprien*, de Crayer, don du roi Louis XVIII ; un *Saint Marc* de Dandré-Bardon et une *Immaculée Conception* entourée des symboles consacrés à la Vierge par la tradition catholique. Sur un piédestal adossé au mur figure une statue en marbre de la Madeleine pénitente.

La chaire d'un style sobre est ornée d'un bas relief qui représente Ste Madeleine aux pieds de Jésus.

Immédiatement au dessous, se trouve la chappelle dédiée à l'une des Madones les plus vénérées de notre ville, Notre-Dame de Grace. D'après la tradition, cette antique statue fut donnée par S. Bonaventure aux Cordeliers d'Aix d'où elle vint en la possession de l'église paroissiale de la Madeleine. La nef entière est recouverte des ex-votos offerts à N. D. de Grâce que la piété publique a toujours invoqué avec succès, spécialement dans les temps de sécheresse.

Au dessus du riche autel qui sert de trône à la statue miraculeuse, on aperçoit une *Annonciation* de J. B. Vanloo ; sur le mur latéral, entre une *Flagellation* de Sébastien del Piombo et une *Descente de Croix*, apparait le célèbre tableau gothique d'Albert Dürer, l'*Annonciation de la Ste Vierge*.

Enfin, il ne faut pas quitter cette nef sans remarquer les deux belles toiles qui la terminent et qui représentent l'une, au dessus de l'autel de S. Joseph, la *mort du saint patriarche* (J. Vanloo) et l'autre la *Nativité de N. S.* (Mignard).

Le grand orgue qui domine la tribune d'entrée et qui vient de recevoir une réparation des plus importantes (1884) se distingue autant par la richesse de ses jeux que par l'aspect grandiose de son buffet.

La paroisse de la Madeleine qui est une cure de 1re classe, compte 5600 âmes de population et comprend dans son doyenné les paroisses des Pinchinats, de S.-Marc, du Tholonet et de Vauvenargues. Elle est desservie par un Curé et trois Vicaires.

La **Fontaine de la place des Prêcheurs** est un des plus beaux monuments que l'on doive à Chastel dont nous avons déjà parlé page 46, elle fut construite en 1758. C'est un obélisque soutenu par 4 lions. Elle est surmontée d'un aigle aux ailes déployées. Quatre inscriptions latines sont placées au-dessous d'autant de médaillons effacés par la Révolution et refaits plus tards par M. Pesetti, un statuaire dont Aix garde le meilleur souvenir, ces médaillons représentent le proconsul C. Sextius Calvinus, fondateur de la ville, avec cette inscription :

C. SEXTIUS CALVINUS PROCOSS.
DEVICTIS LIGURIBUS, VOCONTIIS SALLUVIISQUE
URBEM AD AQUAS AUSPICATO CONDIDIT
C. N. DOMITIO AENOBARBO C. FANNIO STRARBONE COSS.

Charles III dernier comte souverain de Provence, avec cette autre :

CAROLUS ANDEGAVENSIS REDDITA EX TESTAMENTO
FRANCORUM REGIBUS PROVINCIA
POPULORUM FELICITATEM ADSERUIT
ANNO D. M. CCCC. LXXXI.

Louis XV sous le règne duquel le monument fut élevé :

LUDOVICO XV REGI DILECTISSIMO PATRI PATRIÆ
PROVINCIAM IN ANTIQUUM DECUS RESTITUENTI
CIVITAS AQUENSIS
PIA FIDELIS OBSEQUENS D. D. ANNO D. M.D.CC.LX.

Et le dernier comte titulaire de Provence (Louis XVIII), avec ces mots :

NOBILISSIMUS PUER, LUDOVICI DELPHINI FILIUS
LUDOVI REGIS NEP.
PROVINCIÆ COMES...DATUS
ANNO M. D. CC. LV.

Cette fontaine est une production tout à fait rare et ne doit pas être confondue avec des ouvrages vulgaires de ce genre ; elle fait l'admiration des artistes. L'aigle a été moulée il y a une vingtaine d'année par Santouchi ; quand on a vu à terre cette masse énorme on comprend quel aptitude a dû avoir l'artiste pour la représenter telle que nous la voyons.

Cette fontaine a coûté à la ville 2400 livres pour la construction et 3050 pour la sculpture.

Le Palais de Justice dont la construction a été commencée en 1787 n'a été achevé qu'en 1834 et la Cour en a pris possession le 13 novembre 1832. Il s'élève sur l'emplacement de l'ancien palais des Comtes de Provence dans lequel le Parlement a rendu presque tous ses arrêts. La démolition à jamais regrettable de ce monument historique a fait disparaitre les tours romaines qui existaient depuis deux mille ans et qu'une sage restauration eut pu conserver [1]. Quatre petites rues durent encore disparaitre pour recevoir l'édifice actuel. Celui-ci est bordé des rues Montclar et Peiresc parfaitement alignées. La partie extérieure du palais n'offre rien de remarquable si ce n'est le péristyle et les deux statues de *Siméon* et *Portalis*, deux Aixois jurisconsultes émérites qui travaillèrent à la rédaction du Code Civil. Ces deux statues dues au ciseau du sculpteur Ramus ont été placées et inaugurées en 1847. L'intérieur du Palais offre une double rangée de colonnades d'un très bel effet ; la salle des pas perdus était autrefois une cour ; elle a reçu un dôme et un dallage qui la rendent des plus agréables. A gauche en entrant se trouve la première Chambre, à droite la salle de la Cour d'Assises et celle de la deuxième Chambre, puis les cabinets du Parquet

---

[1] Le *Magasin pittoresque* dans son numéro du 30 avril 1884, contient sur l'ancien palais, un dessin et un article que nous engageons à lire, prix 0,60 c. à la librairie A. Makaire.

et du chef de la Cour ; au premier étage le Tribunal de première instance qui est en même temps le Tribunal correctionnel, le Tribunal de Commerce et la quatrième Chambre de la Cour, le greffe du Tribunal, le bureau du Receveur des actes judiciaires et le Parquet du Tribunal ; à l'étage supérieur, c'est-à-dire dans les combles on a commencé à classer les **Archives** qu'une négligence sans pareille avait laissées enfouies dans les caves et dont une certaine partie a disparu à cause du peu de soins que les autorités ont prise de leur conservation. Aujourd'hui grâce à M. Blancard, archiviste du département et M. Causan, aide-archiviste attaché à Aix, on a pu exhumer et classer 4,829 registres ou liasses de papiers historiques qui se divisent de la sorte :

Lettres Royaulx de 1460 à 1790, 162 registres ; Arrêts des Etats de Provence de 1625 à 1789, 25 registes ; Grande Chambre, plumitif de 1667 à 1790, 20 registres ; Arrêts à la Barre de 1534 à 1790, 1150 registres ; Chambre Tournelle de 1634 à 1774, 6 registres ; Arrêts à l'audience de 1532 à 1790, 750 registres ; Arrêts de consensu de 1539 à 1755, 355 registres ; Arrêts au vu des pièces de 1528 à 1790, 26 registres ; Arrêts d'expédient de 1609 à 1790, 71 registres ; Informations et enquestes de 1711 à 1790 ; 111 liasses ; Chambre des Eaux et Forêts de 1706 à 1790 ; 84 liasses et registres. Les pièces concernant la Sénéchaussée d'Aix se composent de Sentences, expédients, appointements, soumissions, insinuations et autres de 1536 à 1790 ; 1000 registres : Judicature de 1521 à 1790, 1100 registres ou liasses.

L'entresol qui contient le greffe de la Cour et la biblioque des Avocats a quatre niches pour recevoir des statues qu'on attend toujours, on y admire aussi le grand escalier.

Le Palais a vu deux bals donnés dans ses murs, le premier lors du passage du duc d'Orléans en 1831 et le second lorsque le prince-président Napoléon vint à Aix en 1852, peu avant son couronnement comme empereur.

Les Prisons placées derrière le Palais de Justice ont

été terminées à peu près en même temps que le palais et c'est le 31 mai 1833 que les prisonniers provisoirement séquestrés dans la caserne d'Italie, ont été conduits dans leur nouvelle demeure. La proximité du Palais de Justice a permis d'établir en 1881 un passage souterrain pour conduire les prisonniers et les soustraire à la vue du public.

La *rue des Marchands* qui se présente au touriste, derrière les Prisons, nous conduit à la *rue Vauvenargues* où se trouve la maison dans laquelle naquit le célèbre moraliste ; une plaque en marbre, au n° 26, le rappelle au souvenir des passants :

LE CÉLÈBRE MORALISTE
LUC DE CLAPIERS
Mis DE VAUVENARGUES
EST NÉ DANS CETTE MAISON
LE 5 AOUT 1715

Laissant à gauche la *place aux Herbes,* nous appercevons la **Halle aux Grains,** vue du côté du midi elle n'offre rien de remarquable, le nord au contraire contient un fronton dû au ciseau de Chastel, le sculpteur dont nous avons déjà parlé, il représente le *Rhône* et *Cybelle*, allégorie figurant le Provence. Au milieu de la *place de l'Hôtel-de-Ville* se trouve une **fontaine** construite en 1755, c'est une colonne antique de granit reposant sur une base bien proportionnée. Cette colonne est une des deux qui furent découvertes en 1626 derrière l'hôpital St-Jacques ; l'autre orne l'ancien cours Bonaparte, aujourd'hui cours Pierre Puget à Marseille. Le chapiteau soutient une boule entourée d'une branche de laurier doré, et à la base une inscription rappelant qu'elle a été donnée à la ville par le Chapite métropolitain. L'inscription du piedestal placée à l'est, indique que c'est sous le règne de Louis XV, en 1755, qu'elle fut érigée en présence de MM. le duc de Villars ; de Brancas, comte de Forcalquier ; J.-B. Gallois de Latour, président au Parlement. Celle qui vise le grenier d'abondance donne les noms des Consuls, L. de Félix de la Renarde, marquis d'Olières ; C.-M. Sabatier ; J.-A. de Thomassin Lagarde et J.-J. Anglesy. Celle qui fait face au nord, indique que l'eau vient des sources les plus pures, amenées à Aix par Marius. Enfin celle qui vise l'Hôtel-de-Ville, fait savoir que c'est sous Louis XVIII, MM. d'Estienne du Bourguet, étant maire ; de Portaly Martialis et D. Montagne, adjoints, que la restauration de cette fontaine a eu lieu. Cette plaque a remplacé celle posée en 1806 en l'honneur de Napoléon Ier, laquelle avait remplacé, elle-même, une de celles de l'année 1755.

L'Hôtel-de-Ville, où tant d'évènements mémorables se sont passés, est un grand batiment carré, au nord duquel étaient naguère encore adossées des maisons que l'on a fait disparaître en 1882. Il est aujourd'hui entièrement isolé. L'architecture qui le compose est de l'ordre dorique et de l'ordre ionique. Sa construction remonte à 1640, il a reçu depuis divers changements et améliorations, notamment les façades de la cour intérieure. Dans cette cour a été érigée sur un socle la statue en marbre de Mirabeau, par François Truphème d'Aix. Elle a été inaugurée à l'occasion des récompenses solennellement données aux instituteurs et aux irrigateurs, le 17 décembre 1876, elle remplace ainsi le cœur de Mirabeau qu'une délibération du Conseil de Ville du 8 août 1791 avait demandé pour être enseveli dans ce même lieu.

La salle des Archives contient des boiseries sculptées par Toro.

Au palier du grand escalier, se trouve la statue en marbre du maréchal de Villars, exécutée par Coustou.

Au premier étage, à gauche, on voit l'ancienne salle du Conseil, dite la grande salle, qui fut jadis très bien décorée mais hélas, là comme ailleurs, il ne reste que les traces d'une ancienne splendeur. A droite, est la **Bibliothèque Méjanes**, une des plus importantes bibliothèques de France. Son nom est dû à un acte de munificence posthume de M. J.-B.-Marie Piquet, marquis de Méjanes, ancien

Consul d'Aix et Procureur du pays de Provence de 1776 à 1778. Cet érudit, un des bibliophiles les plus distingués de son temps, dépensa une grande fortune pour la formation de cette bibliothèque, qu'il laissa à la province de Provence, à la condition, dit-il dans son testament, qu'on la tînt ouverte en la ville d'Aix, etc., et il ajouta un legs de 2,000 fr. de rente perpétuelle pour son entretien.

La Méjanes a vu ses richesses s'accroître par les libéralités de MM. Gibelin, ancien bibliothécaire ; le docteur Baumier ; M*gr* Rey, évêque de Dijon ; Roux-Alphéran, l'érudit auteur des *Rues d'Aix* ; d'Arbaud-Jouques ; etc.

Elle se compose aujourd'hui des 40,214 imprimés et 1190 manuscrits, formant un total de 169,561 volumes. Ce chiffre sera bien supérieur, lorsqu'on aura brisé de nombreux recueils contenant une grande quantité de pièces reliées ensemble, et qui sont perdues pour les recherches. Les livres les plus rares y sont déposés : il y a des incunables ; des Elzéviers ; des Alde Manuce ; des Etienne ; des Baskerville ; etc., etc.

Dans la troisième salle, on voit une vitrine qui est un véritable écrin de **riches reliures** de toutes les époques, contenant des maroquins, des veaux, des velins, des reliures italiennes et à compartiments ; de petits fers et des gaufrures, des monogrammes et des blasons splendides. On y trouve des Grolier, des Henri II et des Henri III, des Diane de Poitiers, des Colbert, des Lavallière, des Peyresc, des comtes Hoym, des Pompadour, etc. Des reliures aux armes de France, de Lorraine, d'Espagne, de la ville de Paris, etc., etc. du meilleur goût et du travail le plus exquis.

Parmi l**es manuscrits**, le visiteur devra demander à voir le *Livre d'heures* du Roi René, enluminé par lui-même ; le *Missel* de St-Sauveur, dû au chanoine Murry, en 1422, décoré des plus fines arabesques et des plus riches miniatures ; *Robin et Nanette,* par Adam de la Halle, le premier opéra joué en France, noté en plain-chant et orné de médaillons malheureusement défraîchis ; le *Martyrologe* d'Adon, de 1318 ; le roman de *Philomenas* de 1200, etc.

Il y aurait trop à citer parmi **les imprimés.** Contentons-nous d'indiquer : la *Bible polyglotte* de Walton, *Biblia sacra polyglotta* ; l'*Oraison dominicale* en 140 langues ; *Missa latina* de Flaccius Illyricas ; la première édition, sur velin, du *Bréviaire d'Aix*, imprimé à Lyon en 1490 ; *La béatitude du chrestien ou le fléau de la foy*, par Geoffroy Vallée, exemplaire *unique* d'un ouvrage brûlé, avec son auteur, par arrêt du Parlement de Paris ; *Le livre des Tournois*, du Roi René ; un volume de Vauvenargues annoté par lui-même ; *Le Catholicon*, dont l'impression est attribuée à Guttemberg ; *Guillermi Ficheti rhetorici libri*, Paris 1471 ; le grand ouvrage de l'Institut sur l'Egypte ; *Les galeries de Versailles* ; *Poetæ graci* d'Etienne, 1566 ; l'Horace, le Pindare, l'Apollonius de Rhodes, la Lucrèce ; les *Poetæ christiani* d'Alde ; l'Horace, l'Arioste, de Baskerville ; les *Bucoliques* de Virgile, chef d'œuvre de cet éditeur célèbre ; L'*Ampilologie espagnole* ; les Mystères, les Sotties, les Romans les plus curieux du Moyen-Âge ; les plus beaux ouvrages illustrés et coloriés, de toutes les époques, sur l'histoire, l'histoire naturelle, la médecine, les sciences, l'archéologie, la littérature et les beaux-arts ; de magnifiques collections d'estampes, de gravures, de portraits, des albums d'eaux-fortes de l'illustre peintre espagnol Goya ; les plus célèbres éditions des classiques grecs et latins. Enfin, pour tout dire en un mot, on peut admirer à la Méjanes les grandes collections les plus célèbres, les chefs-d'œuvres de l'esprit, de la typographie, du dessin, dans toutes les branches du savoir humain, national et international.

Les objets dignes de remarque dans les diverses salles sont : les bustes en marbre de Thiers, Peyresc, Vauvenargues, Adanson et Tournefort. Dans la troisième galerie, le buste en marbre du marquis de Méjanes, un chef-d'œuvre du célèbre Houdon, est érigé sur un piédestal, portant une inscription à la mémoire du fondateur de la Bibliothèque. Le parquet est orné, au devant, d'une mosaïque romaine parfaitement conservée, représentant *Thésée terrassant le Minotaure*, trouvé dans le sous-sol du Marché aux bestiaux actuel d'Aix. Il y a aussi, à la Méjanes, des portraits de bienfaiteurs de la Bibliothèque.

La Bibliothèque d'Aix est ouverte au public, les mardis, mercredis, jeudis, vendredis et samedis, du 15 octobre au 31 mars, de 1 heure à 4 h. après-midi, et de 8 h. à 10 h. du soir ; du 1er avril au 15 août, de 9 h. à 11 h. du matin et de 2 h. à 5 h. après-midi.

La Tour de l'Horloge, construite en 1505 sur une ancienne porte de la Ville Comtale, dont il reste encore les gonds, est décorée de quatre statues représentant les quatre saisons, qui apparaissent à chacune d'elles. Une urne funéraire remplace sur la façade, la statue de Louis XIII, abattue en 1793. L'édifice est surmonté d'une cage en fer fort remarquable comme travail de serrurerie, dans cette cage se trouve la cloche de l'horloge, qui sert aussi de beffroi. Ce monument a failli disparaître sous le marteau des vandales modernes ; mais heureusement qu'il a été classé en 1883 parmi les monuments historiques. Sa démolition ne dépend donc plus de quelques conseillers municipaux. Au contraire, sa conservation est assurée si rien n'est changé plus tard.

L'Etranger qui veut bien nous suivre dans la promenade que nous avons tracée, passe sous l'ancienne porte comtale dont il vient d'être question, entre dans la *rue Grande-Horloge* au haut de laquelle se trouve :

La Basilique Métropolitaine St-Sauveur [1]. La Métropole d'Aix est une des églises les plus curieuses qu'un voyageur puisse visiter. Elle n'est remarquable ni par ses dimensions, ni par la beauté de son architecture, ni par sa régularité surtout, quisqu'elle se compose de trois

---

[1] La description que l'on va lire est extraite d'un ouvrage plus complet récemment publié · *Notre Métropole*, par l'abbé Mille, vicaire à la Métropole, prix 2 fr. 50.

édifices de style distinct, et pourtant cet ensemble anormal abonde de tant de détails remarquables, qu'on la comparerait volontiers à ces écrins grossiers qui recèlent les plus magnifiques bijoux.

La **façade**, par laquelle nous commencerons notre visite, est de 1477. Elle est gothique et coupée dans sa hauteur par quatre grands clochetons terminés en flèche. Le portail se compose d'une triple arcade ogivale dont les nervures sont décorées de feuillages, de 10 statues de patriarches et d'un cordon d'anges ailés. Dans le tympan figure une montagne, le *Thabor*, au dessus de laquelle on voyait jadis un bas relief de la Transfiguration. De chaque côté du portail, règne une galerie de niches richement travaillées qui contiennent les statues des 12 Apôtres. Sur la colonne du trumeau, une Vierge mère est debout. Les autres statues qui dominent la galerie des Apôtres représentent, S. Louis de Toulouse et Louis XI, contemporains de l'édification de la façade, Ste Madeleine et S. Mitre. Plus haut, dans deux niches placées à droite et à gauche du grand vitrail, S. Maximin et S. Sidoine, les deux premiers évêques d'Aix. Enfin, au centre de la balustrade gothique qui couronne la façade se dresse une grande figure en pied de S. Michel terrassant le démon, la seule pièce de statuaire datant de la construction de la façade.

La **tour** (64 mètres de haut) qui s'élève à gauche de la façade est une construction des plus imposantes. Carrée dans sa partie inférieure elle devient octogone dans sa partie la plus élevée qui renferme le beffroi des cloches et se termine par une balustrade gothique coupée de huit clochetons.

Les **portes** (1504) en bois rougeâtre sont d'une valeur inestimable. Elles sont partagées en deux vantaux dont chacun est divisé lui même en un grand soubassement et en six panneaux supérieurs. Dans le soubassement du vantail de droite, on voit, au milieu de niches admirablement sculptées, les statues en haut-relief d'Isaïe et de Jérémie; dans le soubassement du vantail de gauche, celles d'Ezéchiel et de Daniel. Dans les panneaux supérieurs, ce sont les statuettes des 12 Sibylles, six sur chaque vantail. Comme les statues des prophètes, celles des sibylles occupent une niche des plus élégantes que surmonte un dais en grande saillie. Chaque vantail est encadré et coupé, dans sa largeur, par des guirlandes de fleurs et de fruits délicieusement fouillées.

De tout temps on a préservé ce chef-d'œuvre à l'aide de contre-portes qui le masquent entièrement aux visiteurs. (Pour les voir, s'adresser au sacristain, dans le cloître, ou à l'appariteur du Chapitre qui montrent, moyennant une légère rétribution, toutes les curiosités de l'église).

A droite du grand portail et à quelques mètres en arrière, s'élève la **façade de l'église romane (1080)** qui sert de nef latérale à la Métropole. Elle s'appuie à gauche sur un mur romain ; elle est percée d'un portail cintré et supporté par des colonnes cannelées ; au dessus, s'ouvre une grande lucarne en meurtrière.

Cette nef romane comprend cinq travées dont l'avant dernière en coupole désigne l'emplacement de l'ancien maître autel.

La première chapelle basse à droite en entrant sert d'entrepot aux chaises et n'a de remarquable que la tombe du chanoine Honoré de Pinchinat, fondateur de ladite chapelle.

Les deux travées suivantes du même côté donnent accès au **baptistère** qui mérite de fixer au plus haut point l'admiration des visiteurs.

Ce baptistère qui remonte aux premiers siècles et qui fut reconstruit en 1577, est en forme de rotonde couvert d'un dôme octogonal que supportent huit colonnes d'ordre corinthien. Ces colonnes, dont six sont en marbre vert antique et deux en granit, ont deux mètres de tour, six de ces colonnes sont d'une pièce. Elles datent de l'époque romaine et servaient à l'ornement du temple d'Apollon sis au même endroit.

Sur les sept autels de marbre qui décorent l'enceinte de la rotonde, on voit autant de grandes toiles représentant les

Sacrements ; les voici dans leur ordre : 1° la *Pénitence* (Léontine Tacussel, 1849) ; 2° la *Confirmation* (J. Gibert) ; 3° l'*Ordre* (Latil, 1848) ; 4° le *Baptême* ; 5° le *Mariage* (A. Angelin, 1846) ; 6° l'*Eucharistie* (Richaud) ; 7° l'*Extrême-Onction* (A. Coutel, 1847). Ces tableaux sont l'œuvre de peintres aixois.

Auprès du tableau de l'Extrême-Onction, on trouve l'épitaphe gothique des deux chanoines de Puppio et de Mérindol.

Après avoir dépassé la travée de la coupole, nous rencontrons la chapelle du Sacré-Cœur décorée de peintures murales et dans laquelle il faut remarquer la fenêtre du style flamboyant avec un vitrail du XVIme Siècle et le monument funèbre de Mgr Chalandon, archevêque d'Aix.

Contre le pilier en amont de la chapelle du Sacré-Cœur, existe la curieuse épitaphe d'*Adjutor*, parfaitement conservée et qui témoigne des pénitences publiques autrefois usitées dans l'Eglise. Cette épitaphe sert encore à désigner l'emplacement de l'ancienne *Sainte Chapelle*, monument vénérable élevé par S. Maximin, disciple de J.-C., notre premier apôtre. Cet édifice, respecté par dix-huit siècles, n'a été démoli qu'en 1808, sous prétexte de rendre à l'église une régularité qu'elle n'aura jamais.

Le vitrail du transept de droite, représente l'allégorie de l'*Espérance*. Il est signé Didron, de Paris. On y voit, dans le bas, la barque de l'Eglise conduite par le Christ et dans les médaillons supérieurs, Job, Noé, Ruth et le Sauveur couronnant les élus.

Au fond de la nef, chapelle du Saint-Sacrement ou du *Corpus Domini*. Le portique d'ordre dorique est surmonté d'une immense fresque représentant la *Transfiguration du Sauveur*, qui est le titulaire de la Métropole. Une magnifique grille en fer ouvragé ferme l'entrée de la chapelle en forme de croix grecque, dans laquelle on remarque une belle toile de Daret, la *Cène* au dessus de l'autel et deux autres tableaux de moindre valeur, une *Présentation de Marie* et une *Adoration des Mages*.

En revenant sur ses pas pour étudier l'autre côté de la nef, deux épitaphes de grande dimensions, gravées sur marbre blanc encadré de noir, attirent l'attention ; elles sont dédiées à la mémoire, la première, de sir Webb, baronnet anglais, mort le 17 octobre 1745 ; la seconde, à celle de la femme et des trois enfants de sir Dolben, autre baronnet d'Angleterre.

A ces deux épitaphes succède une très-ancienne inscription relative à l'Evêque d'Aix, Basile qui vivait vers la fin du Vme Siècle. Ce monument lapidaire d'une haute valeur consiste en un fragment de marbre blanc enchâssé dans le mur.

Au dessous, petite chapelle de Ste Madeleine avec un autel que surmonte un bas-relief moderne en pierre, *Jésus dans la maison de Béthanie*. Deux inscriptions figurent sur les murs latéraux ; celle de droite rappelle la démolition de la Sainte Chapelle ; celle de gauche qui est gothique, l'érection d'une ancienne chapelle dédiée à S. Pierre et depuis longtemps disparue.

Dans la travée de la coupole romaine, il faut remarquer, au dessus d'un vieux banc de pierre, la très curieuse épitaphe sur ardoise de « *Très vertueuse et très exemplaire damoiselle Suzanne Cazeneuve*. Cette bizarre complainte, due à la muse de maître Laugier, époux de la dame et avocat au Parlement, se compose d'une apostrophe du veuf à la défunte et de la réponse de Suzanne à son *très-marri mari*. (1597).

Avant de sortir de cette première nef, signalons encore, en face des fonts baptismaux, l'épitaphe du chanoine Clément de Cuers, professeur à l'Université du temps du roi René et, à deux pas dans l'embrasure du passage qui donne sur la grande nef, un beau bénitier ovale en marbre vert, supporté par une amphore.

Le premier objet qui frappe le regard dans la **grande nef**, c'est le vitrail de la fenêtre qui domine le portail principal. Il représente le *triomphe de la Foi*. Sa partie basse est occupée par le char de la Vérité, conduit par le

Christ et traîné par les animaux symboliques des Évangélistes : les docteurs de l'Église poussent aux roues et derrière, marchent S. Pierre et S. Paul. Les médaillons supérieurs reproduisent deux scènes de l'Ancien Testament : *Abraham adorant les Anges* et *Salomon érigeant le Temple* et deux scènes du Nouveau : *la prière du centurion* et l'*incrédulité de S. Thomas*.

La maisonnette gothique suspendue au mur latéral de droite est une ancienne tribune des comtes de Provence. Au dessous se trouve la chapelle de S. Roch avec un tableau représentant le saint au milieu des pestiférés et une dalle en marbre enchâssée dans le mur et rappelant les vœux publics qui lui ont été adressés.

Sur le mur opposé à la chapelle de S. Roch, on voit deux tableaux dont le plus petit est un *Martyre de Ste Catherine* et le plus grand, qui est de G. de Crayer, représente *la Vierge entourée d'un groupe de Saints* (don de Louis XVIII, 1821).

Dans la seconde travée de la grande nef, à droite et au dessus du banc d'œuvre, un *triptyque* dont le fond se compose de quatre petits tableaux sur bois réunis ensemble et reproduisant des scènes de la Passion, les deux du bas *l'arrestation du Sauveur* et le *Couronnement d'épines*, les deux du haut, la *mise au sépulcre* et la *Résurrection*. C'est la plus antique peinture dans le genre gothique possédée par la Métropole ; les volets qui sont modernes représentent S. Mitre, martyr et S. Maximin, évêque, patrons de la ville et du diocèse d'Aix.

En face de ce premier triptyque, l'autel *du peuple*, ainsi nommé de la célébration des offices de la paroisse, est surmonté d'un excellent tableau du peintre belge Finsonius, l'*Incrédulité de S. Thomas* (1613).

La chaire de style gothique est un ouvrage moderne ainsi que le siège en bois sculpté réservé aux archevêques pour l'audition des sermons.

Au dessus de la seconde moitié du banc d'œuvre, on aperçoit le **célèbre triptyque**, dit du roi René. Attribué tour à tour au bon roi lui-même, à Wan-der-Wayden, à Memling, à Van-Eych ou Jean de Bruges, ce fameux tableau serait du peintre avignonnais Nicolas Froment. La face extérieure des volets représente l'*Annonciation* en grisaille ; l'intérieur du volet gauche, *le Roi René* à genoux assisté de Ste Madeleine, S. Antoine et S. Maurice ; l'intérieur du volet droit, *Jeanne de Laval*, seconde femme du roi René, accompagnée de S. Jean, apôtre, Ste Catherine et S. Nicolas ; le fond, la scène du *Buisson ardent* au centre duquel apparait la *Ste Vierge* et l'*Enfant Jésus*. Au premier plan, *Moyse* se déchausse à la vue du prodige qu'un Ange semble lui expliquer (1475). Le *triptyque du Buisson ardent*, qui est d'une valeur inestimable, a figuré maintefois dans les expositions universelles sur la demande du gouvernement ; on ne l'ouvre qu'aux fêtes solennelles et à la prière des visiteurs.

Le **chœur** qui occupe la quatrième travée est vaste et contient 58 stalles. Au dessus de la boiserie, il faut remarquer la **magnifique tapisserie** qui provient de la cathédrale Saint-Paul de Londres et fut achetée en 1656, par le chanoine de Mimata. Ce chef-d'œuvre de l'aiguille porte la date de 1511. On l'attribue à Quentin Metsys, dit le forgegeron d'Anvers. Voici l'ordre des tableaux qui composent la tapisserie :

Côté droit en descendant de l'autel vers le bas de la nef : *Nativité de la Vierge*, — *Présentation de la Vierge*, — *Annonciation*, — *Visitation*, — *Annonce aux bergers de la naissance de J.-C.*, — *Nativité de N. S.*, — *Baptême de N. S.*, — *Sermon sur la montagne*, — *Résurrection de Lazare*.

Côté gauche en remontant du bas de la nef vers l'autel : *Flagellation*, — *Couronnement d'épines*, — *Crucifiement*, — *Descente de croix*, — *Visites aux Lymbes*, — *Résurrection*, — *Ascension*, — *Pentecôte*.

La galerie comprend en tout 17 tableaux d'un fini et d'une conservation qui en font une des principales merveilles de la Métropole.

Deux buffets d'orgue dominent les stalles ; celui de droite est un simple placage ; le véritable se trouve à gauche (3 claviers, 38 jeux). Les pierres tombales du chœur indiquent les caveaux des archevêques.

Le **sanctuaire** de forme heptogonale est percé dans sa hauteur de grandes fenêtres ogivales. Il est peint et décoré de vitraux aux armes des prélats qui ont gouverné l'Eglise d'Aix depuis la Révolution ainsi que d'une belle mosaïque.

L'**autel** dont le tombeau présente au regard une remarquable *résurrection de Lazare*, bas-relief de Vayrier, élève de Puget, est surmonté d'un tabernacle en forme de boule de marbre rougeâtre. Dans le fond de l'abside s'ouvrent deux chapelles. Celle du centre dédiée à S. Mitre offre, comme détails remarquables, l'autel enchassé de 2 colonnes de granit supportant le tombeau en marbre du Saint (Vme Siècle) ; le tableau sur bois du rétable qui contient l'histoire de S. Mitre ; à droite le monument funèbre du grand Peiresc et celui du baron de Vins ; à gauche une crédence de Chastel et l'épitaphe de Mgr de Cicé. La tombe sise au milieu de la chapelle est celle d'Ammo Nicolaï, archevêque d'Aix (1443).

A gauche de la chapelle de S. Mitre, on voit celle de S. Jean, en forme de rotonde, dont l'autel est décoré d'un grand bas-relief de Veyrier, *le petit S. Jean baisant les pieds de l'Enfant Jésus*. A l'entrée de cette chapelle, à droite, tombe des seigneurs de ce nom, ornée d'arabesques Renaissance.

La troisième nef, celle du nord ou de N. D. d'Espérance, gothique dans sa construction première a été chargée d'ornements de style grec, seule manière qui eut cours au XVIIme Siècle, quand il fallut consolider cette partie de l'église endommagée par les sièges du temps de la Ligue.

Le vitrail du transept est le plus ancien de la Métropole. Il est décoré des figures de S. Mitre, de S. Maximin, de Ste Madeleine et du Sauveur en croix.

Au chevet de cette nef, belle chapelle de **Notre Dame**

D'Espérance, en forme de rotonde corinthienne. L'autel en marbre porte un tabernacle représentant un vase au dessus duquel on aperçoit la statue de la Madone miraculeuse, drapée comme beaucoup de Vierges dans le midi.

Les gradins sont ornés de deux bas-reliefs très-remarquables, *la remise des clefs de la Ville* à la Vierge par les consuls de la ville (1649) et le *miracle de Bonnacursius*, coadjuteur d'Aix guéri par l'intercession de Marie en 1312. Le rétable encadré de quatre colonnes de marbre noir supporte des anges qui se jouent au dessus de la corniche.

Des reliquaires, dans l'un desquels se trouvent des ornements de S. François de Sales ; deux toiles, une *remise du Rosaire à S. Dominique* et une *Visitation*, et une galerie de statues terminent la décoration de cette belle chapelle.

La chapelle attenante, dite des Archevêques, est dédiée au S. Enfant Jésus. L'autel supporte une statue de S. Maximin, premier évêque d'Aix et son rétable est orné d'un remarquable tableau sur bois de l'école du Pérugin, l'*Adoration des Mages*. La pierre tombale qui figure au centre de la chapelle est celle de Mgr de Bausset-Roquefort, archevêque d'Aix et pair de France (1829).

Dans l'embrasure du portique de la petite chaire, à gauche en descendant vers le bas de la nef, pierre tombale de l'évêque Bonacursius ; à droite niche du S. Enfant Jésus dont la statue en cire porte la date du 24 décembre 1677.

C'est à S. Joseph qu'est dédiée la chapelle suivante dont les murs sont entièrement recouverts de plaques de marbre portant des ex-votos. Les vitraux modernes représentent l'*Atelier de Nazareth* et la *fuite en Egypte*. Deux petits tableaux, une *Circoncision* et une *Purification* et une très grande toile, la *mort de S. Joseph* ornent la travée dans laquelle s'ouvre cette chapelle.

Au dessous de la chapelle de S. Joseph, chapelle des morts éclairée par un vitrail de Didron, la *Résurrection de Lazare*. Dans le mur de gauche, on voit un curieux monument. L'encadrement est celui du tombeau d'Olivier de Pennart, archevêque d'Aix, fondateur de la chapelle. Le groupe en marbre, naïve sculpture du Moyen-Age, représente un S. *Martin* donnant la moitié de son manteau à un pauvre. Dans le fond, épitaphe d'Olivier de Pennart.

La travée suivante, réduite par le clocher, offre au visiteur, avec la pierre tombale des membres de l'ancienne Université, un **autel en pierre** des plus remarquables. Le tabernacle représente un *Ecce homo* entouré des attributs de la Passion. Le groupe central se compose des statues de *Ste Anne* et de la *Ste Vierge portant l'Enfant Jésus*. Il est accosté à droite, d'une *Ste Marthe* avec la Tarasque et à gauche d'un *S. Maurice*. Un grand crucifix domine l'ensemble. L'inscription voisine rappelle le nom du fondateur de l'autel, Aygosi, et son ancien emplacement dans l'église des Grands-Carmes.

Donnons, avant de sortir de l'église pour pénétrer dans le cloître, les mesures exactes du monument. La Métropole a 70 mètres de long sur 46 de large, chapelles comprises ; son élévation, sous clef de voûte est de 20 mètres.

Le **cloître roman** adjacent à l'église est contemporain de la fondation de la nef du *Corpus Domini* par le prévôt du Chapitre, Benoît. Il est carré et compte huit arcades sur chaque face. Au centre sur une colonne de granit se dresse une statue de Ste Madeleine, provenant de l'ancienne paroisse de ce nom.

Dans l'aîle du nord, qui est à ciel ouvert, les chapiteaux sont ornés des principales scènes de la vie de N. S.

L'aîle du levant contient, comme détails remarquables, l'épitaphe de Blanche d'Anjou, fille naturelle du roi René, et celle du dernier des comtes de Provence, Charles III, ainsi qu'une belle statue de marbre représentant le *Christ ressuscité*, avec une *Vierge au raisin*, également en marbre.

On remarque, dans l'aîle du midi, avec plusieurs statues comme celles de S. Jean-Baptiste, de Daniel, de David et de Judith, une très ancienne inscription relative au transfert à S.-Sauveur des reliques des deux saints évêques, Menelphale et Armentaire (Vme Siècle).

Enfin, dans l'aile du couchant, celle qui sert de communication entre l'église et la place de l'Archevêché, on trouve avec une ancienne tombe en marbre blanc qui sert aujourd'hui de bénitier, une très interessante épitaphe enclavée dans la banquette, celle d'un certain *Pontius*, grand-chantre de l'église vers le XIme Siècle.

La Métropole est basilique-mineure par lettres patentes du 9 janvier 1876. Le Chapitre dont elle est le siège se compose de trois Archidiacres, un Doyen, un Théologal, un Pénitencier, de sept Chanoines titulaires, six Prébendés et douze Mansionnaires. La Maîtrise capitulaire compte une trentaine d'enfants de chœur sous l'autorité d'un Directeur et d'un Sous-Directeur. La Cure, annexée de temps immémorial au Chapitre, est régie par un Chanoine titulaire qui prend le nom d'Archiprêtre d'Aix ; la paroisse, dont la population est de 7000 âmes, est également desservie par quatre Vicaires. Cure de 1re classe et Doyenné, Saint-Sauveur a pour succursales en ville, S.-Jean-de-Malte et S.-Jean du Faubourg ; à la campagne, Puyricard, Venelles et Notre-Dame de Couteron.

L'Archevêché. Le palais archiépiscopal est à côté de la Métropole. Les Etrangers qui demandent à le visiter y trouvent bon accueil.

Lorsque l'on transporta la cathédrale de la Seds à St-Sauveur (XIme Siècle) l'Archevêque resta à son « Palais des Tours » près de l'ancienne église épiscopale. Ce ne fut qu'au milieu du XIVme Siècle qu'il vint s'établir à l'endroit où est maintenant l'Archevêché. C'était jusque là la maison du Prévôt du Chapitre.

Le Palais actuel fut donc commencé à cette époque, puis successivement agrandi. Il en résulte qu'il n'a aucune apparence extérieure d'architecture ni même de régularité. Mais l'intérieur en est fort beau et lui donne la réputation d'être l'un des plus grandioses de France.

On pénètre d'abord sous une porte voûtée dans une gracieuse *cour d'honneur* dont le carré est terminé par les bâtiments.—Les bureaux de la Chancellerie et les services occupent le *rez-de-chaussée*. Le *second étage* est distribué en chambres assez nombreuses pour loger les évêques suffragants d'Aix. Le *premier étage* seul offre quelque intérêt au visiteur.

On y monte par un *grand escalier* bâti dans un angle et dont la construction bizarre est un petit chef d'œuvre de difficulté vaincue.—Dans la cage de l'escalier, un bas-relief représente le *martyre de St Cyr et de Ste Juliette*. C'est le modèle en platre du bas-relief d'un autel monumental que Mgr Forcade érigea dans la cathédrale de Nevers, au moment où on le nommait archevêque d'Aix. Les anges qui couronnent le faîte de la cage sont de la même provenance. L'œuvre est de Gautherin, un artiste nivernais qui a eu le plus grand succès au Salon.

Aux murs du *pallier* sont deux bas-reliefs de marbre représentant la *communion de Ste Madeleine par St Maximin* et *l'élévation de Ste Madeleine au St-Pilon par les Anges,* œuvres de Puget. (Ces deux bas-reliefs appartiennent à la Métropole. L'architecte ne les a placés ici que provisoirement, pour les préserver d'une détérioration dont on peut voir les premières atteintes. Ils étaient au maitre autel de St-Sauveur qui a été démoli et ils devront reprendre place dans la construction du maitre autel projeté).

A droite, *la chapelle.*—Bas-relief de l'autel *Pieta* attribué à Michel-Ange. Trois bonnes toiles,

En face du grand escalier s'ouvre une série de *trois salons*, qui contiennent la galerie des Archevêques. Remarquer surtout au premier salon, les portraits de H. de l'Hôpital et du cardinal de Richelieu (frère du ministre); ils sont de Finsonius. Dans ce même salon, tableau du sacre de Mgr de Bausset, évêque de Vannes, (plus tard archevêque d'Aix), par Mgr de Cicé, archevêque d'Aix, assisté de Mgr de Mons, archevêque d'Avignon et de Mgr de Colona, évêque de Nice. Les figures de l'assistance constituent, dit-on, une vraie galerie de portraits. On y remarque la famille de Bausset, la famille de Villeneuve-Bargemont, M. d'Arbaud-Jouques, sous-préfet, M. Fauris de St-Vincent, maire, etc., enfin le peintre lui-même qui était M. Goubaud. Au deuxième salon, portrait apprécié de M⁶ʳ de Grimaldi.

Dans la grande *salle à manger* en stuc, qui suit, cierge dont les peintures sont assez estimées. C'est un présent de Pie IX à M⁶ʳ Forcade, alors évêque de la Guadeloupe.

Grand salon, aux proportions remarquables. Ses dimensions sont plus grandes qu'on ne croirait au premier aspect. Aux concerts que la Maîtrise y donne chaque hiver, deux cents personnes y sont assises, en dehors de l'enceinte qu'occupent les chanteurs et l'orchestre. La *chambre d'honneur* s'ouvre au fond du grand salon. On y trouve quatre belles toiles.

En revenant sur ses pas le visiteur verra dans la grande galerie du nord qui longe les premiers salons et s'ouvre sur le jardin, la continuation des tapisseries du chœur de St-Sauveur.

De retour au pallier du grand escalier, on pénètre dans l'aile de l'est. Ici sont les appartements particuliers de M⁶ʳ l'Archevêque.

L'*antichambre* a une belle toile des Saints Innocents. Les vitraux de la fenêtre, ainsi que ceux du grand escalier, sortent des ateliers de M. André, peintre verrier de mérite et font honneur à l'industrie locale.

Le *salon* a un beau meuble en marqueterie, une élégante crédence et un fauteuil historique en damas rouge qui a appartenu au pape Benoit XIV.

Mais ce qu'il y a de vraiment splendide dans cette pièce c'est la tapisserie des Gobelins représentant les aventures de Don Quichotte. Les couleurs en sont encore si fraiches qu'on les croirait d'hier.

La *salle du conseil* qui suit contient la suite de ces mêmes Gobelins.

Le *cabinet de l'Archevêque* vient après. On y trouve encore des Gobelins, représentant des scènes pastorales.

En sortant du palais archiépiscopal, le voyageur se trouve devant le siège de l'**Académie universitaire**, la **Faculté de Théologie catholique** et la **Faculté des Lettres** dont le local n'a rien de remarquable à l'extérieur. Plus haut, en face de la cathédrale, la **Faculté de Droit** nouvellement restaurée. Un fronton allégorique dû au ciseau d'Hippolyte Ferrat a été placé en 1883. Nous voici arrivé à la *rue Jacques-de-la-Roque* dans laquelle nous trouvons la Maîtrise Métropolitaine :

La Maîtrise. A côté de St-Sauveur, une porte cochère de la *rue Jacques de la Roque* introduit à la Maîtrise.— Cet hôtel (ancien hôtel d'Aiguines) n'a pas une très grande apparence. Parmi les hôtels du même genre qui abondent dans Aix, il y en a beaucoup d'autres qui l'éclipsent. Mais il abrite la plus vieille institution de notre ville : *la Maîtrise*. Cette école de chant religieux date en effet de 1259 au moins. Et, sauf le temps de la Révolution, elle n'a jamais cessé de fonctionner. Elle a une histoire fort curieuse (racontée par M. Marbot, « *Notre Maîtrise* », plaquette en vente chez Makaire, rue Thiers 2), et elle n'a point déchu de ses vieilles gloires, car elle passe aujourd'hui pour l'une des meilleures de France.

Au sortir de la Maîtrise, le voyageur traversera le *boulevard Notre-Dame* afin de voir le **Mausolée** de M. Joseph Sec, mort en 1794. Ce singulier monument représente le pouvoir des lois sur les nations. Une statue de *Thémis* domine l'édifice ; plus bas paraissent *l'Afrique* et *l'Europe* inclinés devant les tables de la Loi que montre aux nations le Législateur des Juifs. Les bas-reliefs représentent des sujets empruntés à l'Ancien et Nouveau Testament, ainsi qu'aux évènements de la Révolution ; il y a encore des sentences et des maximes en vers et en prose.

L'Hôpital Saint-Jacques qui se dresse devant nous doit sa fondation à Jacques de la Roque, dont on a honoré la mémoire de nos jours en donnant son nom à la rue Droite-Notre-Dame. L'édifice érigé en 1519 a reçu plusieurs agrandissements, notamment en 1565 par M⁀ʳ de Jarente, archevêque d'Embrun et plus tard par M⁀ʳ de Brancas, archevêque d'Aix en 1753. Aujourd'hui bâtiment communal l'Hôpital se compose de quatre grands corps de logis plus leurs dépendances, pouvant contenir 300 lits, sans compter ceux affectés au personnel de l'établissement; la moyenne des malades assistés est de 900 à 1000 par an.

L'Hospice des Incurables dans lequel plus de 100 vieillards des deux sexes sont recueillis, a été fondé par le procureur-général André de la Garde en 1734, et transféré après la Révolution dans le local actuel.

L'Hospice de la Charité situé pendant longtemps rue des Champs, a été transféré dans le local actuel en 1879; il renferme 90 lits pour enfants des deux sexes.

Ces trois établissements nommés *Hôpital général*, coûtent en moyenne 150,000 fr., par an, dont 100,000 sont couverts par des dons généreux faits à diverses époques; l'excédant de la dépense est couvert partie par les malades civils et militaires payants, et partie par la ville d'Aix.

La **chapelle** commune aux trois établissements était autrefois celle du couvent des capucins. Le portail est d'un travail soigné. On voit dans la première chapelle à gauche, deux statues de grandeur naturelle et peintes. Elles représentent Jésus-Christ qui gravit le Calvaire sous le poids de la croix, et S. Augustin. Au-dessous de ces statues et dans toute la longueur de la représentation, sont gravés en lettres gothiques des vers analogues au sujet. Ils ont été composés par le roi René dont les armes sont sculptées aux deux extrémités. Ce beau monument était dans l'ancienne église des Augustins. Il a été transporté par les soins de M. Héran, dans la chapelle où il se trouve aujourd'hui et récemment restauré par les soins de M. le chanoine Tros, aumônier actuel de l'Hôpital.

Tout près, on voit contre le mur, un reste de tombeau romain.

Le tableau qui orne l'autel de la chapelle située vis-à-vis, est peint par Nicolas Pinson, de Valence. Celui du grand autel, représente l'*Assomption de la Vierge*, il est de Vouet. Aux côtés sont deux peintures de Daret. On remarque encore dans le chœur deux bonnes toiles : Une *Nativité de N. S.* et la *Communion de la Ste Vierge par S. Jean.*

En retournant sur ses pas et en longeant le boulevard extérieur du côté de l'est, le voyageur a à sa droite la *rue du Grand-Séminaire* conduisant à l'établissement de ce nom :

Le Grand Séminaire, fondé par le cardinal de Grimaldi en 1656 et confié par lui à M. Philippe, prêtre du diocèse, et disciple de M. Olier, a été dirigé jusqu'à la Révolution par des ecclésiastiques recrutés dans le clergé d'Aix. Depuis le commencement de ce siècle, il est sous la direction de MM. de Saint-Sulpice. C'est un vaste établissement dont les constructions autrefois circonscrites par le rempart, la rue Loubet et celle du Séminaire forment un triangle. Dans les salles des services on remarque, avec les portraits des Archevêques d'Aix, un beau *Christ* et un *S. Jérôme au désert.* La **chapelle** d'ordre corinthien (1658) dont les sculptures sont malheureusement inachevées, est ornée de quelques bonnes toiles parmi lesquelles une *Annonciation* de Puget et un *Couronnement d'épines*, copie de Ph. de Champaigne dont l'original est au Louvre. Le beau Christ en bronze qui surmonte la grande porte est un don du cardinal Fesch. Aux quatre angles du chœur, se dressent les statues monumentales de la Vierge, de S. Joseph, de Moyse et de Melchisedech. Il convient de signaler aussi dans la Bibliothèque un très beau volume gothique, dit la *Bible de Constance,* parce qu'il aurait servi aux Pères de ce Concile. C'est un grand in-folio, relié en planches et dont le texte gothique manuscrit sur parchemin est orné de curieuses vignettes admirablement peintes.

Au sortir du Séminaire et en suivant toujours le boulevard, on arrive sur le *cours de la Trinité* où se trouve l'**Ecole Normale** des Instituteurs et Institutrices. Ce grand et beau bâtiment dont on admire la façade principale et le pavillon central surmonté de l'horloge, a été érigé sur l'ancien emplacement de l'asile d'aliénés. Les élèves en ont pris possession en 1882. Une fontaine sur laquelle le buste du peintre Granet a été érigé en 1852, fait face à l'entrée de la ville de ce côté qu'on nomme encore la *porte Bellegarde*, bien que la porte ait été démolie et que la rue ait changé de nom.

A l'extremité du *boulevard Saint-Louis* repose une autre fontaine, érigée en 1819 et surmontée du buste de St-Louis. C'est là que commence le *cours St-Louis*, promenoir qui date de 1666 et dont les anciens ormes et trembles ont été remplacés en 1840 par les platanes actuels, à l'ombre desquels se dresse du côté droit la longue façade de l'un des établissements les plus importants de notre ville :

L'Ecole d'Arts-et-Métiers. Les larges et hautes fenêtres qui donnent le jour au magasin des objets confectionnés ainsi qu'à la fonderie, la grande porte grillée destinée au service des ateliers, les bâtiments de la direction et de l'administration, les dortoirs de la 3me division et de la lingerie, les bureaux de l'économat avec leur entrée spéciale, se présentent successivement sur un développement qui n'atteint pas moins de 120 mètres.

En franchissant la porte principale qui se trouve à peu près au centre de cette façade, l'on trouve devant soi la **chapelle**, édifice de la fin du XVIIme Siècle, sans caractère, et ne possédant, pour appeler l'attention, qu'un assez bon tableau, une *Vierge à l'enfant,* envoyé par Napoléon III en 1859, après la guerre d'Italie, alors que trente ou quarante élèves de l'Ecole d'Aix s'offrirent pour aller, en qualité d'élèves mécaniciens, prendre place à bord des navires de l'Etat, dont le personnel se trouvait incomplet.

La chapelle fait partie du corps de bâtiment qui sépare les cours des élèves de 2me et de 3me division. La dernière, ornée seulement de quelques platanes, à l'horizon borné de toutes parts par des façades un peu élevées, présente un contraste assez frappant avec celle de la 2me division, à laquelle les beaux ombrages, les parterres fleuris, les bassins, les jets d'eau, les bancs bien distribués, prêtent réellement le plus grand charme.

En quittant la chapelle pour se diriger du côté des bâtiments de l'économat, le visiteur doit traverser précisément la cour de la 3me division, soit, en d'autres termes, des élèves de 1re année ou *conscrits,* ainsi que se désignent ces jeunes gens dans leur langage imagé. Deux petits amphithéâtres, qui ne présentent rien de bien remarquable, se trouvent au rez-de-chaussée des façades nord et sud de ladite cour ; ils sont destinés aux cours théoriques de mathématiques, de physique et de français que doivent suivre les élèves de 1re et de 2me année. Les salles d'études de ces deux divisions sont situées sur la façade sud ; elles sont complètement séparées l'une de l'autre, assez bien éclairées, mais insuffisamment dégagées d'un côté. Le cabinet de physique attenant à l'amphithéâtre de la 2me division se trouve sur cette même façade. Il est assez complet et fort bien entretenu.

Arrivé aux bâtiments du service de l'économat, l'on rencontre d'abord les trois réfectoires, aujourd'hui complètement séparés pour les trois divisions; les élèves s'y trouvent groupés par tables de dix, à chacune desquelles est préposé un gradé.

Afin de ne pas revenir inutilement sur ses pas, le visiteur, en quittant les réfectoires et la cuisine, pourra, après avoir jeté un coup d'œil sur la salle de police et la prison, gravir l'escalier qui conduit aux dortoirs, parfaitement aérés, où les lits, faits chaque matin par les élèves eux-mêmes, se trouvent disposés sur deux longues rangées parallèles. L'infirmerie, par une disposition évidemment critiquable, mais qui n'a pu être évitée jusqu'ici, se trouve sur le parcours des dortoirs, et placée en quelque sorte au milieu d'eux. Cette salle d'infirmerie, très bien tenue par les trois religieuses chargées de ce service, a été récemment restaurée et embellie ; dans un petit jardin, assez coquet et bien ombragé, les jeunes convalescents peuvent, dans les beaux jours, respirer tout à leur aise un air pur et bienfaisant. L'escalier qui conduit à l'infirmerie donne également accès à la salle du conseil ainsi qu'à la bibliothèque, qui renferme près de 3,500 volumes.

En descendant des dortoirs par l'extrémité opposée à celle qui y a donné accès, l'on arrive dans la grande cour des élèves de la 1re division, d'où l'on peut, en passant, jeter un coup d'œil sur la grande piscine, alimentée par l'eau de source des Pinchinats et dans laquelle les élèves prennent des bains froids pendant la saison d'été.

Le grand amphithéâtre de la 1re division, à l'aspect assez imposant, quoique d'un style un peu lourd, dresse son péristyle monumental au fond de ladite cour. A l'intérieur, il présente une vaste enceinte demi-circulaire, assez bien éclairée, mais moins favorablement disposée au point de vue de l'acoustique qu'on pourrait le supposer au premier abord. Pendant toute la durée de l'année scolaire, les professeurs de mécanique et de chimie font leurs cours aux élèves de troisième année.

A droite de cet amphithéâtre on trouve le laboratoire de chimie, et à gauche la collection assez complète de produits chimiques et appareils divers, ainsi que deux vitrines de minéralogie et de géologie, où sont méthodiquement classées les matières premières extraites du sein de la terre et utilisées dans les arts.

Le choc des marteaux sur l'enclume, le roulement des poulies, le bourdonnement d'un ventilateur qu'en sortant du grand amphithéâtre l'on entend pendant les heures consacrées aux travaux manuels, indiquent le voisinage des ateliers. Ceux-ci constituent sans contredit la partie la plus intéressante de l'Ecole. Ils sont au nombre de quatre : la forge, la fonderie, l'atelier des tours et modèles et celui de l'ajustage, le plus important de tous.

La **forge**, très bien installée, présente spécialement à l'attention du visiteur un superbe marteau-pilon à vapeur, où sont, avec une étonnante rapidité, cinglées, étirées, matricées ou cisaillées des pièces de grandes dimensions. Une petite grue spéciale permet de les y amener. A l'un des angles de cet atelier, ainsi que dans chacun des trois autres, est disposé un grand cabinet vitré, d'où le chef d'atelier peut exercer une surveillance active sur les élèves placés sous sa direction, tout en se livrant aux études qui concernent les divers travaux dont il est chargé.

La **fonderie** présente surtout de l'intérêt les jours de coulée. Les jets incandescents de fonte liquide, les manœuvres des deux magnifiques nouvelles grues que l'on a installées il y a deux ans, la distribution du métal dans les moules, constituent alors autant de spectacles curieux. Les fours ou cubilots, dans lesquels s'opère la fusion de la fonte, appartiennent aux systèmes les plus perfectionnés, et leur installation ne date que d'une année. Substitués aux anciens cubilots ordinaires à la Wilkinson que l'on a démolis, ils permettent de réaliser une notable économie de combustible.

L'atelier des tours et modèles, présente un grand nombre d'établis à chacun desquels s'exerce un élève ; celui-ci, nouveau venu à l'Ecole, confectionne une planche à dessiner, un coffre, ou quelque assemblage, ou quelque modèle simple, palier, poulie, ou support à chariot ; celui-là, plus habile, dresse un modèle plus ou moins compliqué, destiné à la fonderie. Une scie à ruban, installée sur un petit bâtis d'une élégance et d'une légèreté remarquables, permet de débiter ou de découper à jour, en quelques secondes, les planches les plus épaisses. Une machine à raboter, une mortaiseuse et une petite machine-outil, dite toupie, servant à faire les moulures, y ont été dernièrement installées, et la vue de leur fonctionnement, si commode et si économique, présente un réel intérêt.

Plus intéressant encore est l'**atelier de l'ajustage**, où l'on peut admirer tour à tour un magnifique transbordeur servant au maniement des grosses pièces, une belle forerie radiale, une grande machine à raboter, plusieurs fraiseuses qui sont aussi remarquables par le fini de leur exécution que par la précision de leur travail, et enfin une superbe machine à vapeur horizontale de 20 chevaux, à condensation et à détente variable du système Mayer, servant à mettre en mouvement tout l'outillage.

Au fond de la cour que limitent ces quatre ateliers, l'on aperçoit un bâtiment de construction récente, qui comprend les quatre magasins de matières premières encombrantes, à savoir : combustibles ; bois en grume et équarris destinés à l'atelier des tours et modèles ; fers en barres et riblons, acier, pour l'atelier des forges ; cokes, sables et fontes en gueuses pour celui de la fonderie.

Un petit chemin de fer, qui contourne le périmètre de ladite cour, permet de transporter aussi vite que commodément les matières premières des magasins aux ateliers, et vice-versa. Enfin une transmission télodynamique transporte une partie du travail moteur de la machine aux ventilateurs des forges et des cubilots.

La visite de l'Ecole prend ainsi fin sur l'excellente impression produite par l'examen de ces magnifiques ateliers.

Le programme des matières théoriques enseignées dans les Ecoles d'Arts et Métiers est beaucoup plus étendu qu'on ne le suppose généralement dans le public.

En *première année*, les élèves ont à suivre : 1° le cours de mathématiques qui comprend : la révision très-rapide de l'arithmétique, la géométrie plane et de la géométrie de l'espace ; l'algèbre, jusques et y compris la théorie des dérivés ; la trigonométrie rectiligne et sphérique, la géométrie analytique à deux dimensions, l'arpentage, le levé des plans, les éléments de la géométrie descriptive (ligne droite et plans) ; 2° le cours de dessin, où ils sont exercés de la manière la plus fructueuse à l'ornement à la plume et au dessin linéaire ; 3° le cours de grammaire, où il est fait une révision rapide des règles de la syntaxe, accompagné d'exercices épistolaires ; 4° le cours d'histoire et de géographie commerciale et industrielle.

En *deuxième année*, l'enseignement comprend : 1° le cours de mathématiques, où sont professés successivement le nivellement, la géométrie descriptive avec ses applications (ombres, charpente, coupe de pierres et perspective usuelle), la statique et la cinématique ; 2° le cours de physique, comprenant des matières plus développées que celles exigées par le baccalauréat ès-sciences complet (le professeur doit y insister particulièrement sur la pesanteur, l'hydrostatique, l'aérostatique, la chaleur, l'électricité dynamique et ses applications) ; 3° le cours de dessin où les élèves ont à exécuter des épures de géométrie descriptive et de cinématique, ainsi que des croquis d'organes de machines ; 4° le cours de français, où ils sont exercés au style épistolaire et aux narrations ; 5° le cours d'histoire et de géographie commerciale et industrielle. Ils sont de plus exercés, comme en première année, aux opérations de topographie sur le terrain.

En *troisième année*, les études se terminent par : 1° un cours très complet de mécanique théorique et appliquée, comprenant la dynamique, la théorie des résistances passives, la résistance des matériaux, l'hydraulique et les machines à vapeur ; 2° un cours de chimie générale et de chimie industrielle, embrassant l'étude complète des métalloïdes et des métaux faite au point de vue pratique, des notions de chimie organique et de métallurgie ; 3° un cours de dessin, où les élèves sont très-bien exercés aux dessins et projets de machines ; 4° le cours de littérature française où les élèves apprennent à faire des narrations, à rédiger des rapports techniques, etc. ; 5° le cours de comptabilité et de législation industrielle ; 6° le cours d'hygiène industrielle.

Le nombre d'élèves entretenus à l'Ecole est de 300, tous internes, ils se renouvellent par 100 chaque année, la durée des études étant de trois ans.

Au sortir de l'Ecole, le voyageur a devant lui le jardin

public de la ville, dit **jardin Rambot,** nom du généreux citoyen qui en a fait don à la ville. Après avoir visité le jardin et retourné sur ses pas pour reprendre la promenade sur les boulevards extérieurs, on arrive au Petit-Séminaire et à l'Ecole libre du Sacré-Cœur :

Petit Séminaire St-Stanislas. Les élèves ecclésiastiques du Diocèse ayant cédé, en 1875, le nouveau local du Petit Séminaire, aux divisions d'élèves qui se destinent aux carrières civiles, ont repris depuis lors l'ancien établissement, qui va du vieux jeu de mail au cours St-Louis. Mgr Forcade leur a institué une direction religieuse et disciplinaire entièrement à part. Les classes seules leur sont communes avec les élèves du Collège catholique. Ils en suivent les cours, comme sous la Restauration leurs devanciers suivaient ceux du Collège St-Louis, établi dans les bâtiments qu'occupe aujourd'hui l'Ecole d'Arts-et-Métiers. C'est dans cette maison d'apparence simple mais si vénérable par ses souvenirs, qu'a été élevé depuis plus de soixante ans la majeure partie du clergé du Diocèse, sous le pieux et dévoué gouvernement de MM. Abel, Rouchon, Pasquier, Conil, Bernard, Poulon et Roux.

Ecole libre du Sacré-Cœur, dite **Collège Catholique** située *boulevard de la Plate-Forme 6.* L'Ecole libre du Sacré-Cœur, fondée en 1875 par Mgr Forcade et dirigée par des prêtres du Diocèse, fait suite au Collège St-Louis, que dirigeaient les RR. PP. Jésuites, à l'époque de la Restauration. Ces religieux y continuèrent, tant que la liberté leur en fut laissée, les traditions de leur ancien *Collège royal Bourbon,* qui, établi à Aix, par le Conseil de Ville, en 1621, avait disparu [1], lors de la suppression de leur ordre, en 1773. Le nouveau Collège Catholique d'Aix doit au haut patronage qui le soutient, aux hommes

---

[1] Pour mieux dire, le *Collège Bourbon* fut transformé : la Ville s'immisça davantage dans son administration, et en confia l'enseignement aux pères Doctrinaires, jusqu'en 1790.

de talent qui ont concouru à son organisation première, à la sympathie des familles les plus distinguées de la région et à ses succès devant les Facultés, une situation qui n'est plus à conquérir. Ses programmes sont ceux de l'Université ; sa méthode, celle de la Compagnie de Jésus ; son esprit, l'esprit de famille, fortifié par les principes chrétiens (155 élèves). — Au grand Collège est annexée une division affectée aux petits enfants qui sous la maternelle direction des Religieuses de St-Thomas, auxquelles sont également confiés les services de lingerie, infirmerie et cuisine, sont conduits depuis les éléments rudimentaires, jusqu'à la classe de huitième, immédiatement préparatoire au latin.

L'Ecole du Sacré-Cœur occupe tout le plateau de la butte de la Plate-Forme. Admirablement située au point de vue hygiénique, ses grandes constructions artistiques et soigneusement aérées ; ses vastes jardins, complantés en partie d'essences résineuses ; les exercices de gymnastique, natation, équitation même, pris sur place, assurent aux élèves une existence agréable, condition importante pour provoquer un travail persévérant ; car on ne s'applique bien qu'à ce qu'on aime. Les résultats annuels aux épreuves du baccalauréat, les carrières sérieuses où se distinguent déjà les anciens élèves du Collège Catholique, justifient amplement les sacrifices faits par l'administration diocésaine et la confiance des familles.

L'édifice a été construit par souscriptions des prêtres et des fidèles, pour servir au Petit-Séminaire (lequel l'a cédé en 1875 à l'Ecole du Sacré-Cœur), sous Mgr Darcimoles et Mgr Chalandon, qui acheva, sur ses propres deniers d'en payer les frais. M. Henri Revoil, architecte diocésain, en donna les plans et en dirigea les travaux, assisté de M. Huot père. L'étranger aura un vif intérêt à visiter le **cloître** (style XIIme Siècle), l'**église** (style XIIIme Siècle) où l'on admire le maître-autel en bois de chêne sculpté par des artistes belges, et les vitraux peints, qui donnent la procession entière des saints et saintes de Provence.

Si le touriste veut rentrer en ville par la *place Plate-Forme* il descendra la *rue de l'Opéra*, au milieu de laquelle se trouve le **Théâtre**, dont l'existence ne se révèle au public que par une façade de peu d'apparence et le mot *Théâtre* inscrit sur le bâtiment. D'abord Jeu de Paume en 1660, rebâti plus tard par Joseph Routier, le Théâtre a été acheté par la Ville. La salle est petite, mais suffisante pour la population excepté dans quelques cas extraordinaires. Les places y sont bien ménagées et disposées de façon à voir et entendre de partout ce qui se passe ou ce qui se dit sur la scène. Il y a 800 places assises. On y joue régulièrement pendant la saison d'hiver, l'Opéra, le Vaudeville, etc. En 1885 le Directeur a inauguré les matinées théâtrales pour lesquelles les représentations sont à moitié prix.

Au bas de la rue on prend à sa gauche la *rue d'Italie* vers le milieu de laquelle vient aboutir la *rue Cardinale* qui conduira le voyageur à l'église St-Jean-de-Malte, au Musée et au Lycée.

L'église paroissiale de St-Jean-de-Malte est ainsi nommée parcequ'elle a été bâtie en 1251 par les Chevaliers de cet ordre et qu'elle a servi de sanctuaire à leur Commanderie d'Aix jusqu'à l'époque de la Révolution. On l'appelle aussi quelquefois St-Jean *intra muros*, St-Jean *dans les murs* ou *en ville* pour la distinguer de la paroisse St-Jean *extra muros* ou *hors les murs*, dédiée comme elle au précurseur du Christ et sise au faubourg Sextius. Vendue comme bien national au temps de la spoliation des domaines ecclésiastiques et rachetée depuis par quelques généreux citoyens, l'église St-Jean-de-Malte s'est rouverte au culte à l'époque du Concordat, avec le titre de succursale d'abord et ensuite de cure de 2me classe. Elle tient aujourd'hui le 4me rang dans l'ordre hiérarchique des paroisses de la ville.

L'église St-Jean-de-Malte est un bel édifice gothique dans lequel le style du XIIIme siècle règne dans toute sa pureté sévère. Il affectait la forme d'une croix latine parfaite avant la construction des chapelles latérales dont la plus ancienne date d'un siècle plus tard. La **façade** est percée d'un beau portail ogival à trumeau que domine une grande rose murée. Ses angles s'appuient sur deux tourelles terminées en poivrière et son faîte est disposé en forme de fronton triangulaire percée d'un trèfle à jour. Au dessous la rose, on aperçoit encore quelques restes des fresques extérieures que le célèbre prieur Viany fit peindre en 1691.

Le **clocher** (65 mètres de hauteur) est une tour carrée à deux étages surmonté d'une flèche aigüe. Il est percé de 8 fenêtres ogivales dont 4 géminées au 1er étage et les 4 supérieures extrêmement élancées. A la naissance de la flèche qui est également percée de petites fenêtres et dont chaque arête octogonale est armée de denticules, le carré du clocher se termine sur chaque face par un fronton triangulaire soutenu par d'élégants clochetons. Une belle croix de Malte en fer termine la flèche. Ce monument qui, avec la tour de la Métropole, domine toute la ville, date de 1264 et a toujours attiré l'admiration des visiteurs par son élégance et sa majesté.

L'extérieur de l'église est en harmonie avec le clocher et la façade ; mais des constructions postérieures ont presque entièrement détruit son effet architectural. On voit encore émerger au-dessus des maisons adjacentes le sommet des contreforts couronnés des clochetons qui soutiennent les murs latéraux de l'église et les frontons triangulaires du transept.

A l'intérieur, les détails remarquables abondent. Signalons : Dans la seconde chapelle latérale de droite, qui est dédiée aux morts, un bon *Martyre de S. André* et une *Notre-Dame de Lorette accompagnée d'un groupe de saints*, cette dernière toile, don de M. de Bourguignon-Fabregoules qui a doté notre Musée d'une magnifique collection ; dans la 3me chapelle du même côté, sous le titre de S. Roch, un tableau représentant la *Foi* et une *Annonciation* ; dans la 4me chapelle dédiée au Crucifix, une *Descente de Croix*, copie de Rubens et une *Résurrection* d'un effet très-original.

Le bras méridional du transept dont l'autel orienté supporte une statue de S. Joseph, est orné aussi de deux bonnes toiles, l'une qui représente *la mort* de ce saint patriarche et l'autre, l'*Apothéose de S. François-de-Paule* par Jouvenet.

L'enfant Jésus portant sa croix, joli morceau de sculpture en marbre blanc ainsi que la tête de S. Jean-Baptiste, également en marbre sont l'œuvre de *Veyrier* élève de Puget.

Dans ce même bras du transept, à côté de la porte qui conduit à la sacristie on trouve encastrées dans le mur deux épitaphes relatives, l'une au prieur de St-Gilles, Dragonet de Mont-Dragon mort en 1310, et l'autre aux deux frères Géraud et Valentin de Bosco, prieurs de l'Eglise d'Aix, qui vivaient vers le milieu du XVIme Siècle. La mitre et la crosse que l'on voit sur cette pierre tombale étaient les insignes des prieurs de S. Jean.

Le **sanctuaire** est de forme carrée. A l'exception des quatre grands tableaux des murs latéraux qui représentent une *Apothéose de S. Augustin* une *Vierge entourée d'Anges, Notre-Dame de Bon Repos* par Garcin et *Notre-Dame du Mont-Carmel* par Mignard, toute la décoration du chœur est contemporaine.

Elle se compose d'une belle galerie de stalles gothiques, d'un magnifique vitrail et d'un riche autel-majeur.

Le **vitrail** a été rouvert, il n'y a pas un quart de siècle et garni de remarquables verrières. Sur le plan inférieur, on aperçoit la figure d'Abraham, de Moyse, d'Isaïe, de Jérémie, d'Ezéchiel et de Daniel, avant-coureurs de Jean-Baptiste dans son ministère prophétique. Trois scènes du Nouveau Testament, relatives au Précurseur du Christ, remplissent la partie supérieure. Ce sont la *Visitation*, le *Baptême de N. S.* et *S. Jean montrant le Sauveur au peuple*. Dans les trèfles de l'ogive sont représentés les portraits des fondateurs de l'église, entre autres celui de Raymond-Béranger IV, comte de Provence.

Le **maître-autel** en pierre blanche, est de style gothique. La table est supportée par des colonnettes dont les intervalles sont garnis de grilles de fer ouvragés. Le rétable, dont le centre est occupé par une grande niche qui sert de *ciborium* à un tabernacle en marbre précieux, est décoré de deux bas-reliefs, la *Prédication de S. Jean-Baptiste* et le *Baptême de N. S.* Au-dessus du tabernacle s'élève une flèche très hardie soutenue par 4 colonnettes et décorée aux angles de quatre anges en plein relief. Enfin, deux riches candélabres en cuivre doré élevés au-dessus d'un groupe de colonnettes en marbre rougeatre terminent le gradin de chaque côté. Une inscription gravée sur la face postérieure de l'autel rappelle que la consécration de cet autel a été faite par Mgr Forcade, archevêque d'Aix, le 16 décembre 1875. Il est l'œuvre de M. Gautier à l'exception des bas-reliefs qui sont de notre compatriote M. Pontier.

C'est dans un caveau placé au centre du sanctuaire, ainsi que le constate une inscription en mosaïque, qu'ont été recueillis les restes des Chevaliers de Malte enterrés dans l'église.

Le premier objet qui frappe le regard du visiteur en descendant du sanctuaire vers la porte, c'est le **tombeau des Bérengers, comtes de Provence,** dans la chapelle formée par le transept du nord et qui est dédiée à la Ste Vierge.

Sous un dais gothique à clochetons supporté par cinq colonnettes, est représenté un grand tombeau dont les trois faces apparentes sont couvertes de bas-reliefs relatifs à la sépulture d'Alphonse II. C'est la statue de ce prince que l'on voit couchée au-dessus du sépulcre, reposant à l'ombre de son bouclier. Dans les deux niches ogivales qui s'élèvent de chaque côté du tombeau, figurent la statue en pied de Raymond-Bérenger IV, fils d'Alphonse II, portant à la main la rose d'or qu'il reçut au Concile de Lyon en 1245 et celle de Béatrix de Provence reine de Naples, fille de Raymond-Bérenger. Ce beau monument n'est qu'un fac-similé de l'ancien détruit en 1793. Il fut restauré dans sa forme actuelle par les soins de M. de Villeneuve, préfet des Bouches-du-Rhône en 1828, après reconnaissance des restes de nos anciens Souverains.

Dans la même chapelle, on aperçoit deux tableaux dont l'un est un *ex-voto* représentant le Christ, la Vierge et un moine en prières, l'autre, un *S. Bruno*, de Levieux.

La chapelle suivante offre cette singularité qu'elle est de même élévation que la grande nef et s'éclaire par elle au moyen d'une fenêtre ogivale. Elle est la plus ancienne de l'église et fut fondée par le grand-maître de Malte, Hélion de Villeneuve qui la dédia à S. Louis, évêque de Toulouse. Elle est aujourd'hui placée sous le titre du Sacré-Cœur. On y remarque une *Apparition de Jésus à Madeleine*, tableau de Garcin, une *Nativité du Sauveur*, ainsi qu'une *Présentation* et une *Mort de la Vierge*. A droite et à gauche de l'autel, statuettes en marbre de l'*Enfant Jésus* et du *petit S. Jean*, de Veyrier.

En face, sur le banc d'œuvre, se trouve un crucifix donné à la Commanderie par le grand prieur de Malte, P. Viany, en 1692.

Dans la chapelle récemment dédiée à S. Labre qui vient après celle du Sacré-Cœur, s'ouvre une porte latérale de l'église. Trois tableaux oblongs que l'on dit provenir de la chapelle du Parlement, décorent les murs latéraux de cette chapelle ; ils représentent *le Christ en croix, la femme adultère* et le *jugement de Salomon*. Le mausolée qui s'élève contre le mur est celui de Jacques-Claude *Viany*, prieur d'Aix et frère du grand-prieur de Malte, cité plus haut. Sur un piédestal qui porte son épitaphe en latin, se dresse le buste de ce personnage, célèbre entre tous les prieurs de notre Commanderie par les embellissements et les restaurations dont il fut le promoteur. Le buste est de *Veyrier* et l'épitaphe, de l'historien *de Haitze*.

La dernière chapelle de ce côté de l'église est dédiée à S. Blaise, patron secondaire de la Commanderie et aujourd'hui, de la Paroisse. On y voit une bonne toile de Garcin, représentant *S. Blaise qui guérit un enfant ;* plus, un tableau sur bois dans la manière gothique où sont réunis, S. Sébastien, S. Roch et S. Benoît, et deux autres toiles sans grande valeur, une *descente de Croix* (Gaudin) et l'*incrédulité de S. Thomas*. Depuis la désaffectation de leur église. les Pénitents Blancs célébrent les offices à St-Jean-de-Malte dans la chapelle de S. Blaise.

Les fonts baptismaux occupent la chapelle ouverte sous le clocher et l'une des plus anciennes de l'église. On y a réuni aux deux statues du *Bon Pasteur* et de *S. Jean-Baptiste*, divers bustes de Veyrier, représentant les Apôtres, qui étaient jadis adossés aux colonnes de la nef.

Avant de sortir de l'église, remarquons encore, au-dessus du tambour, l'orgue dont le buffet est de style gothique et deux petites portes latérales dont l'armature en fer ouvragé n'est pas sans mérite.

La paroisse St-Jean-de-Malte qui comprend dans son étendue le quartier aristocratique de la ville a une population de 4,300 âmes. Elle est desservie par un Curé inamovible de 2me classe et trois Vicaires.

Le Musée et l'Ecole de Dessin touchent à l'église que nous venons de décrire. L'Ecole de Dessin fut fondée en 1771, par Honoré Armand, duc de Villars ; le Musée a été créé en 1821 au moyen de l'acquisition de la collection Fauris de Saint-Vincens. C'est aussi grâce à l'initiative individuelle et à la générosité de citoyens dont notre ville s'honore, qu'on doit l'agrandissement successif du Musée. Il a reçu les legs particuliers de MM. Granet, de Bourguignon de Fabregoules, Magnan de la Roquette, Salier, Frégier, etc., etc., et en dernier lieu (1883) de Mme la M^{ise} de Gueydan. L'Etat a donné beaucoup d'objets à diverses époques.

L'importance de notre Musée est considérable ; il compte parmi les plus renommés de la province ; chaque tableau porte une étiquette indiquant le nom de l'artiste, le sujet de la toile et le nom du donateur, il en est de même de beaucoup d'objets d'arts. Il est ouvert au public les jeudis et dimanches de midi à 4 heures. Les personnes désireuses de le visiter en particulier, y sont admises tous les jours de 8 à 10 heures du matin et de 2 à 5 heures de l'après-midi.

On délivre à la direction, des cartes d'étude qui assurent aux titulaires de ces cartes la faculté de travailler dans les galeries.

Les monuments archéologiques, les sculptures et les objets de collection formant 2023 numéros, se décomposent de la manière suivante : Monuments Egyptiens, 94 ; —Inscriptions Grecques, 11 ; — Inscriptions Latines, 89 ; — Inscriptions du Moyen-Age et d'époques plus récentes, 5 ; —Inscriptions Orientales, 12 ; —Sculptures antiques, mosaïques et moulages, 385 ; — Sculptures Françaises et de l'école moderne, 125 ; —Sculptures des écoles d'Italie, 30 ; —Sculptures des écoles Flamandes ou inconnues, 38 ; — Sculptures décoratives depuis le Moyen-Age, 72 ; — Bronzes, 256 ; — Repoussés, armes, etc., 65 ; — Céramique, 450 ; —Emaux, vitraux, ivoires et bois, 66 ; — Objets divers, 92 ; — Meubles, 23 ; — Médailles et sceaux, 199.

Ces différentes séries qui font l'objet de descriptions détaillées, constituent, au rez-de-chaussée, la **galerie d'archéologie lapidaire,** et à la suite, celles de la **sculpture.** Ces dernières se composent d'une première galerie consacrée au Moyen-Age et à la Renaissance, puis de trois travées, dont l'ensemble mesure en longueur 33 mètres, et qu'occupent les moulages ainsi que les ouvrages originaux des écoles modernes.

Les objets de collection occupent l'étage.

Ces objets, dont beaucoup sont très importants, ont besoin d'une description détaillée pour être connus et appréciés. Cette description se trouve dans la première partie du catalogue du Musée, elle forme un volume de 700 pages du prix de 4 fr., en vente chez le concierge du Musée et chez l'éditeur, A. Makaire, rue Thiers 2.

Nous signalons ici les plus importants : Bas-relief d'ancien style memphite (deux pierres qui se réunissent), diverses stèles funéraires ; le dieu Osiris ; cippe pour l'empereur Alexandre Sévère et Julia Mammea sa mère ; l'édit de Dioclétien, qui est la pièce la plus considérable de notre Musée, est fracturé dans les deux bouts, mais elle a été rétablie par M. le Conservateur du Musée, sur un tableau qui se trouve dans le catalogue dont nous avons parlé. Les inscriptions funéraires consacrées aux dieux Mânes ; l'urne cinéraire de C. Barberius Arruntus Saturnimus ; des ouvrages de poterie exécutés par les esclaves Anicet, Lucius Crescens, Chresimus et Marcus Fabius Licyninus ; des inscriptions arabes ; la statue d'un combattant perse ; la statue acéphale de Priape ; statues de nymphes et de Vénus, de Bachus et de torses divers, sarcophages divers. Quatre fûts de colonnes provenant de la tour de l'horloge de l'ancien palais d'Aix, démolie en 1784. Mosaïques découvertes à Aix et remontant à la période romaine.

Dans l'art étrusque plusieurs figurines du Soleil, de Jupiter, de Junon, de Cybèle, de Vénus et de Mercure. Dans les bronzes on remarque des figures romaines et grecques. Vases étrusques (poterie de pâte noire) ; vases grecs, vases à figures rouges. La *patina* grand bol hémispherique. Les lampes romaines et égyptiennes. Dans la poterie, un plat d'Urbino et des vases décorés. Des meubles italiens. Un paravent de l'école française représentant l'ancienne procession de la Fête-Dieu à Aix. Médailles des papes Urbain VIII, Innocent X, Innocent XI et de Pie IX.

On atteint par l'escalier principal aux **galeries de peintures**, à l'extrémité desquelles un escalier de dégagement épargne au visiteur la peine de revenir sur ses pas.

La cage du grand escalier où se trouvent inscrits les noms des nombreux artistes et des archéologues célèbres qui sont nés ou ont vécus à Aix, est en même temps décorée d'un tableau de Vien représentant la *Continence de Scipion* et de deux intéressantes peintures de Lubin Baugin dont l'une figure la *Naissance de la Vierge,* et l'autre la *Présentation au Temple.*

En entrant à gauche sur le palier, les salles sont disposées dans l'ordre suivant:

1° **Salle des estampes.** — Les pièces montées sous verres et portant presque toutes des remarques, sont au nombre de 76. Deux mille autres pièces environ remplissent les armoires rangées autour de la salle. On compte parmi ces dernières estampes, l'œuvre du Poussin, de Van der Meulen et d'autres maîtres, provenant de la calcographie du Louvre, l'œuvre complet de Piranesi, de la calcographie romaine, celui de Calot, de Della Bella, etc.

2° **Galerie de la peinture moderne.** — A remarquer entre autres, les tableaux de David, *portrait d'enfant* ; de J.-G. Drouais, *Résurrection du fils de la veuve* ; de Clérian père, *portrait de l'auteur* ; d'Ingres, *Jupiter et Thétis* ; de Drolling père, *jeune paysanne* ; de Brascassat, *Argus gardant Io* ; de Signol, *Malédiction de Noë* ; de Watelet, *vue de Lyon* ; de Loubon, *col de la Gineste* ; de Dubuffe, *les prisonniers de Chillon* ; de Jeanron, *le cap Gris-Nez* ; de Picou, *la galère de Cléopâtre* ; de Lapito, *vue de Menton*, enfin des œuvres de Luminais, Hédouin, Barillat, Auguin, Feyen-Perrin, etc. En tout 69 peintures.

3° **Salle annexe de la peinture moderne.** — Divers tableaux de Constantin ; Clérian fils, *Gallilée devant l'Inquisition* ; Guay, *Latone et des paysans* ; Ollivier, *la question* ; Tanneur, *côtes de Hollande* ; Jourdan, *troupeau en Provence* ; etc., 42 toiles.

4° **Salle Granet.** — Ingres, *portrait de Granet* ; L. Cogniet, *portrait de Granet* ; 196 peintures de la main de Granet lui-même, consistant en études, en ébauches et en tableaux terminés, parmi lesquels se trouvent : une première exécution de *la mort du Poussin, le retour de Vert-Vert au couvent, le baisement du Christ le Vendredi-Saint, le chœur des Capucins à Rome, Eudore dans les Catacombes, le cloître de Ste-Marie-des-Anges à Rome,* etc. Dans la même salle sont exposés 126 dessins du même artiste ; 2069 autres dessins et croquis sont conservés en receuils.—La vitrine du centre renferme 43 miniatures étrangères à l'œuvre de Granet.

5° **Galerie des dessins.**—On y voit exposés 122 dessins dont 66 sont de la main du paysagiste Constantin. Dans la même salle se trouvent: un *projet de baldaquin pour l'église de Carignan,* par Puget ; une étude du Corrège pour le tableau de S. Jérôme, du Musée de Parme ; un pastel de Rosalba ; les *filles d'Athènes,* par Peyron ; le *rachat des Captifs,* par Révoil ; une *vue d'Algérie,* par Bellel ; le *portrait du peintre Loubon,* par Vidal ; une aquarelle de Lami ; enfin, une intéressante suite de portraits représentant des personnages marquants dans l'histoire de Provence. En outre des 122 pièces de la galerie, le Musée possède encore 1196 dessins de Constantin et différents dessins d'autres artistes.

6° **Salle de l'Ecole Française.**—Elle se compose de 121 toiles parmi lesquelles nous mentionnons particulièrement, deux tableaux de l'école de Fontainebleau, *la lutte d'Eros et d'Antéros,* de l'école de Fréminet et de Dubois ; un portrait de l'école de Clouet ; une *scène de corps de garde,* par les frères Lenain ; le *président Pompone de Bellièvre,* par Ph. de Champagne ; *Mars et Vénus,* par N. Mignard ; un beau paysage de l'école du Poussin ; le *portrait de Puget,* par lui-même ; six beaux portraits, de Rigaud ; quatre portraits, de Largillière ; un Carle van Loo ; un paysage de Patel ; le *duc de Villars,* par Latour ; deux tableaux de Greuze ; un paysage de Vernet ; enfin, parmi les œuvres des anciens peintres provençaux, *un guitariste,* par Daret ; des portraits peints par Cellony, Palme, Viali et Arnulphi, deux portraits de Jean-Baptiste van Loo, diverses esquisses de Dandré-Bardon, une marine d'Henry, deux Parrocel, etc.

7° **Salle des Ecoles Allemande, Flamande et Hollandaise.**—Les tableaux qu'elle renferme au nombre de 197, présentent une variété considérable. On peut remarquer dans leur nombre : parmi les peintures Allemandes, un portrait d'homme âgé de l'école d'Holbein et trois sujets d'animaux, de Roos; parmi les peintures Flamandes, une belle suite de portraits dont deux représentant *l'archiduc Albert d'Autriche* et *l'infante Claire Eugénie*, sont de l'école de Rubens ; un *portrait de Charles-Quint*, par T. Bouts; divers ouvrages des peintres primitifs ; la *toilette de Vénus*, par van Coxie ; le *repas des Dieux*, par van Balen ; le *retour d'Ulysse*, par Jordaens ; un portrait de Porbus ; une *nature morte*, de van Son; divers tableaux de l'école des Franck, de Peter Neef, de Tenier, de J. Miel, etc. L'école Hollandaise compte de superbes portraits de Ravestein, de J.-G. Cuyps et de G. Dov ; un *intérieur*, de Pierre de Hooghe ; un autre de Zacht-Leven ; une *nature morte*, de Mignon ; un Terburg, un Berghem ; diverses peintures des Wouvermans et de Poelemburg, un W. Mieris, un Gérard de Lairesse ; des paysages de Hackaert, de Karel du Jardyn, de Guillaume de Hensch et de Moucheron ; une *vue de Rome*, par van Witel, une *marine*, de Simon de Vliegher, etc.

8° **Salle des Ecoles d'Italie.**—En totalité 113 tableaux qui sont entre autres : Dans les écoles Florentine et Romaine, deux portraits l'un d'un jeune homme, par Borziño, l'autre du cardinal d'Este, par Pulzone ; plusieurs têtes de Vierge, de Sasso Ferrato et de Carlo Dolce ; sept tableaux de fruits par Campidoglio ; dans l'école Lombarde, un Parmesan et un Caravage ; dans l'école Bolonaise, un *paysage*, de Grimaldi et des *Enfants jouant dans un bosquet*, par l'un des Carraches. Une *Ste Madeleine*, deux Bassan ; les *disciples d'Emmaüs* ; des copies d'après Paul Véronèse ; une charmante tête de Trévisani représentent l'école Vénitienne.

Auprès de quelques échantillons de peintres primitifs de l'école Siennoise, il nous reste à mentionner une *Sainte Famille*, de Valerio Castelli, peintre de l'école de Gênes et, parmi les œuvres des artistes Napolitains, *Venus et Adonis*, par Andrea Vaccaro ; le *martyre de Ste Catherine*, par le Calabrais ; des poissons par le chevalier Recco, etc.

Pour donner du Musée d'Aix une idée de son importance numérique, il suffit de rappeler que le court aperçu qui vient d'être donné, repose sur un ensemble de 1097 tableaux, estampes et dessins et 2022 de sculptures, bas-reliefs, etc., qui sont actuellement exposés au regard du public.

Nous ne parlerons de la petite fontaine sise à côté du Musée que parcequ'elle est sur nos pas ; elle porte une croix de Malte, en souvenir du quartier dans lequel elle se trouve ; sa création est moderne. En descendant la rue et au milieu d'une élégante petite place ombragée de quatre beaux marronniers se trouve la **fontaine des Quatre-Dauphins** construite en 1667. Deux tuyaux versent de l'eau froide et deux de l'eau chaude ; au lieu de l'aiguille qui s'élève au milieu de la fontaine devait figurer la statue de S. Michel, mais elle n'a jamais été faite.

Le Lycée qui vient ensuite est bâti sur l'emplacement de deux anciens couvents, celui des Bénédictines et celui des Andrettes, plus tard devenu le *Collège Bourbon*. La **chapelle** contient quelques morceaux dignes d'attention : Une grande sculpture au haut du sanctuaire représentant l'*Annonciation*, par Veyrier ; une *Assomption* peinte par Levieux, des tableaux de Daret et de l'école Italienne. Cette chapelle, comme beaucoup d'autres, a subi bien des transformations ; alors qu'elle était affectée au culte du couvent il y avait un double autel ; celui qui a disparu se trouve aujourd'hui à Puyloubier.

Le Lycée a été achevé en 1884 et c'est au mois d'octobre que les élèves en ont pris possession. Cet établissement occupe une superficie considérable ; la façade au midi donnant sur des terrains non bâtis est admirablement exposée. La situation hygiénique est des meilleures.

Il est inutile de parler de l'enseignement qu'on y donne puisqu'il n'y a rien de particulier pour Aix, tous les Lycées de France se ressemblant à ce point de vue. Sa construction toute récente n'offre de remarquable, au visiteur, que le pavillon principal surmonté d'un grand fronton représentant les armes de la Ville, encadrées d'un écusson surmonté de la couronne murale et accompagné sur les côtés d'attributs, habilements groupés, relatifs aux études faites dans le Lycée. Plus bas l'horloge se trouve encadrée par des ornements largement coupés et les fenêtres voisines sont ornées de clefs sculptées avec goût ; sur l'entrée principale un grand dessus de porte décoré d'une tête de Minerve solidement dessinée et purement exécutée. C'est l'œuvre du sculpteur Royan qui a été payé comme suit : Le fronton, 5,000 fr. ; le cadran de l'horloge, 600 fr. ; la tête de Pallas-Athénée, 500 fr. ; les sculptures des cinq clefs de fenêtre, 200 fr. ; l'inscription du mot Lycée, 50 fr. ; l'artiste a aussi reçu 300 fr. pour des décorations intérieures.

L'édifice a coûté la somme de 1,600,000 fr., payée 700,000 fr. par l'Etat, 200,000 fr. par le Département et 700,000 fr. par la Ville. Son installation définitive fera élever la dépense à 2 millions.

En quittant le Lycée, l'étranger descendra la rue pour prendre à sa droite celle de *St-Lazare* qui est traversée par la *rue Mazarine* au bas de laquelle est située **la Synagogue**, bâtiment de modeste apparence construit il y a environ 50 ans en remplacement de l'ancien. Aucun objet d'art n'est à signaler. Le culte israélite est fait par un ministre officiant et deux délégués du Consistoire de Marseille. Le Rabbin réside au chef lieu du département. La population israélite n'atteint pas le chiffre de 200 à Aix. Au sortir de la Synagogue et revenant sur ses pas pour reprendre la rue St-Lazare et traverser le *cours Mirabeau* on arrive à la *rue de la Masse* au milieu de laquelle l'on y voit le temple protestant :

Le Temple protestant a été construit de septembre 1875 à juillet 1876. Il a été inauguré le 23 de ce dernier mois et a remplacé l'ancien temple en location de la rue des Grands-Carmes. Presque toute la somme qu'a coûté cet édifice a été fournie par des quêtes, complétée par une subvention de l'Etat et du Conseil Municipal. Le temple est à la fois simple et élégant. Il a été construit sur les plans fournis par M. Huot. Au-dessus de la chaire, on remarque un beau vitrail représentant le vieux sceau des synodes du protestantisme français, le buisson ardent entouré de la devise : *Flagro, non comburar*. Sur les deux faces libres du temple, se trouve sculpté le monogramme bien connu du Christ : **I. H. S.** *(Jesus Hominum Salvator)*, qui a été choisi par Calvin en 1541 et gravé au-dessus des armoiries de la ville de Genève. Sur le porche se dresse une simple croix latine, étendard commun de la chrétienté. Au-dessus de la porte d'entrée, on voit une Bible ouverte, entourée d'une palme et d'une branche d'olivier, et cette inscription gravée sur une de ses pages : *Dieu est esprit*. Enfin, dans l'intérieur de l'édifice on trouve une table sainte ou autel en marbre blanc, un baptistère de même nature, une plaque portant en lettres d'or la date de la formation de l'Eglise Protestante d'Aix qui remonte à 1557, suivie de la *lettre de Calvin écrite le 1er mai 1561* : « Nous avons bonne confiance en Dieu qu'en brief sa main vous apparoistra pour saulve garde ». Sur les murs se lisent de nombreux passages de la Sainte-Ecriture, exprimant les principales croyances du protestantisme. Le temple est chauffé comme dans les églises modernes. Le culte est fait par un pasteur, la population protestante de la ville est d'environ 300.

Après la visite du temple, et arrivé à l'autre extrémité de la rue le voyageur se trouve en présence de l'église du St-Esprit dont voici la description :

L'Eglise paroissiale du St-Esprit, connue aussi sous le vocable de **St-Jérôme** en l'honneur duquel elle fut commencée en 1706 et consacrée, un siècle après, en 1806 par Mgr de Cicé, s'élève sur l'emplacement d'un ancien hôpital du St-Esprit affecté aux Enfants trouvés.

L'édifice d'ordre corinthien mesure 38 mètres de long sur 18 de large et 19 de haut. La façade offre une coupe agréable et d'heureuses proportions que le manque d'espace ne permet pas d'apprécier, l'église étant située dans une rue et non pas sur une place comme toutes les autres de la ville.

La tour qui s'élève en face de la porte d'entrée est le clocher de l'ancien couvent des Augustins (1494). Il est surmonté d'une belle cage en fer ouvragé abritant une horloge publique placée en 1677.

L'église du St-Esprit, qui date de 1716, est un vaisseau régulier à trois nefs coupées par un transept et terminé par un sanctuaire de forme carrée aux angles duquel l'on voit quatre grandes statues en pierre, le Sauveur et Ste Madeleine, S. Jérôme et S. Jean-Baptiste.

Le **maître-autel**, qui est des plus remarquables, est orné de six colonnes en marbre rouge du pays supportant une grande coupole et de larges draperies. Il sert d'encadrement à une belle niche à jour qui contient une statue polychromée du Sacré-Cœur.

Les tableaux qui méritent une attention spéciale sont : dans la chapelle à gauche du maître-autel, une *Mort de S. Joseph* ; dans le transept du même côté, le beau **triptyque** de l'*Assomption*. Il fut exécuté en 1505 par les ordres de A. Muleti, premier président du Parlement de Provence et destiné à la chapelle du Palais où il demeura jusqu'à la démolition de cet édifice en 1785. On l'attribue à Francesco Francia. Le sujet du milieu représente l'Assomption de la Ste Vierge ; les têtes des douze Apôtres réunis autour du tombeau dans le plan inférieur sont les portraits de douze premiers membres du Parlement ayant à leur tête le président Gervais de Beaumont représenté par S. Pierre. Les quatre panneaux des volets représentent la *Naissance de N. S.*, l'*Adoration des Mages*, à droite ; à gauche, l'*Ascension* et la *Pentecôte*. Une inscription en lettres d'or rappelle l'origine et l'histoire du triptyque.

Au dessus du triptyque, une *Présentation* de Marrot, don de Louis XVIII.

Dans le transept droit, une *Pentecôte* de Daret et un *S. Jérôme au désert.*

En face de la chaire qui offre au regard un heureux mélange des marbres les plus variés, un *Christ en croix* de Dandré-Bardon.

Notons encore deux détails remarquables: le premier est la belle Vierge en marbre blanc qui surmonte l'autel de ce nom, au fond de la nef de droite. Elle appartenait jadis aux RR. PP. Capucins et elle est honorée sous le titre de N. D. de Bon-Secours, en mémoire d'une chapelle de ce nom dépendant de l'ancien hôpital du St-Esprit.

Le second est une grande Croix en fer travaillé qui domine un autel de la nef de gauche. Cette croix rappelle un souvenir célèbre, celui du Père Brydaine qui prêcha en 1750 une mission à Aix.

Les vitraux modernes qui décorent l'église et sortent de la maison André d'Aix, représentent, ceux du transept : la *visite de S. Antoine à S. Paul* et la *Communion de la Ste Vierge*; les deux latéraux du sanctuaire : *S. Maximin* et *S. Jérôme*; celui du chevet, qui est de forme cintrée et mesure sept mètres à la base, une *Pentecôte.* Les autres verrières de la grande nef sont des grisailles.

L'orgue, qui s'élève sur la vaste tribune dominant la porte d'entrée, se recommande par un élégant buffet et par un jeu de *voix humaine* très-apprécié des connaisseurs. Il appartenait avant la Révolution à l'église des Grands-Carmes.

La paroisse du St-Esprit est une Cure de 1re classe et vient hiérarchiquement après la Métropole, comme étant la seule Cure du canton sud de la ville. Elle est desservie par un Curé et trois Vicaires et compte 4,500 de population. Son doyenné ecclésiastique comprend les paroisses suburbaines des Milles et de Luynes et celles des communes d'Eguilles et de Meyreuil.

Au sortir de l'église et au bas de la rue, se trouve la *place des Augustins* sur laquelle est la fontaine de ce nom. Elle date de l'année 1620 ; elle a été reconstruite deux cents ans plus tard d'après les dessins de M. Beisson. C'est une colonne antique de granit élevée sur un massif en pierres froides. Elle se présente à l'angle de la *rue Ville-verte* qui nous conduit au *cours Sextius*. C'est l'ancien faubourg des Cordeliers qui a pris en 1811 le nom de cours Sextius, en mémoire du fondateur de la ville (voir dans la partie historique la page 2). On l'appelle aussi le quartier du roulage à cause des maisons de commerce, agents de transports, maréchaux-ferrants, forgerons, etc., qui y habitent. Les deux côtés de ce cours sont complantés de beaux arbres. Au milieu de ce cours se dresse la cinquième paroisse de la ville :

L'église paroissiale St-Jean-Baptiste nommée aussi St-Jean du Faubourg ou *extra muros* date comme construction de l'an 1691 et fut dédiée sous l'invocation du Précurseur du Christ, en mémoire de son principal fondateur, Jean-Baptiste Duchêne, chanoine de la Métropole. La direction de cette nouvelle paroisse de la ville fut confiée aux Doctrinaires qui l'ont gardée jusqu'à la Révolution après laquelle elle passa entre les mains du clergé séculier.

Cette église est un édifice d'ordre corinthien, aux proportions modestes qui devait affecter la forme d'une croix grecque d'après son plan primitif. Les vicissitudes des temps et la pénurie des ressources n'ont permis de ne lui donner encore qu'un seul collatéral.

Entre autres détails à signaler, il convient de noter, en premier lieu, la **chaire** en bois sculpté qui est vraiment remarquable. La coquille est ornée de trois panneaux dont l'un, celui du milieu représente la *Transfiguration* ; celui de droite qui regarde le grand autel, un beau *groupe des Evangélistes* et celui de gauche, qui sert de porte, la *prédication de S. Paul*. Ces trois médaillons sont séparés par les statuettes en haut relief des *quatre grands Docteurs de l'Eglise Latine,* S. Grégoire, S. Ambroise, S. Augustin et S. Jérôme en cardinal suivant la tradition artistique. De jolies guirlandes de fruit accompagnent le culot de la chaire. Le grand panneau qui sépare la coquille de l'abat-voix porte l'*Ange du jugement* jouant de la trompette. L'abat-voix est surmonté d'une statue en plein relief de *S. Jean-Baptiste*. Dans son ensemble, cet ouvrage qui date du siècle dernier mérite une attention spéciale de la part du visiteur.

Parmi les toiles, on remarque une vaste et belle composition de Serre, *la femme adultère*, dans le bas côté de l'église; en face, au dessus du banc d'œuvre, une *résurrection de Lazare* de même dimension; dans la chapelle de S. Joseph, un bon tableau représentant *la Ste Vierge et deux saints*, dont un martyr qui porte sa tête, intercédant auprès d'elle; dans le sanctuaire, une *prédication de S. Jean-Baptiste*, derrière le maître-autel qui est en beau marbre et d'une ordonnance gracieuse, ainsi qu'une excellente toile au dessus des stalles du chœur, faussement appelée une Extase de S. François, mais qui paraît être une *Vision de S. François de Paule*, on l'attribue à Mignard.

Auprès de la porte de la sacristie, une plaque de marbre rappelle la mémoire vénérée de M. Abel, chanoine de l'Eglise d'Aix avant la Révolution, premier curé de la paroisse après le Concordat, fondateur et supérieur du nouveau Petit Séminaire.

La paroisse St-Jean du Faubourg qui compte une population de 3,200 âmes, en grande partie disséminée dans la campagne est une succursale dépendant du doyenné de la Métropole. Elle est desservie par un Recteur et trois Vicaires.

Au sortir de l'église nous nous dirigerons vers l'extrémité du cours Sextius pour visiter l'établissement des Eaux Thermales, par lequel nous terminerons notre promenade:

L'Etablissement des Eaux Thermales. La maison actuelle forme un carré long ayant sa principale façade au midi, elle date du commencement du XVIIIme Siècle et depuis cette époque la ville d'Aix n'a cessé d'agrandir et d'embellir cet Etablissement dont les eaux curatives ont une très grande valeur.

Les **Eaux Minérales d'Aix,** considérées au point de vue de leurs effets physiologiques et thérapeutiques et de leur composition chimique, présentent la plus grande analogie avec celles de Plombières, de Bains (en Vosges), de Luxeuil, de Néris, en France ; de Pfeffers, en Suisse ; de Gastein, de Neuhaus ; de Wilbad, en Allemagne ; de Buxton, en Angleterre; de Valdieri, en Italie; ce sont des eaux *mezzo-thermales, faiblement minéralisées.*

Leur température est de 35° à 36° à la source, 32° à 34° dans les baignoires, 29° dans la piscine de natation.

Leur composition chimique a donné pour résultat :

Carbonate de chaux..............	0,1217
— de magnésie	0,0582
Chlorure de calcium.............	0,0060
— de magnésium	0,0089
Sulfate de soude................	0,0076
— de magnésie.............	0,0074
Silice	0,0047
Alumine et oxyde de fer..........	0,0021
Matière organique..............	0,0007
Iode et arsenic.................	Traces
Gaz acide carbonique.	Quantité indéterminée

Par leur température parfaitement appropriée et leur degré de minéralisation, ces eaux sont sédatives et toniques, sans être excitantes, et conviennent surtout dans les maladies où l'élément *douleur* constitue le caractère prédominant.

A ce titre, elles sont particulièrement utiles dans les névralgies et les névroses (sciatique, lumbago, névralgie intercostale, histérie, hypocondrie, etc.); dans les maladies chroniques du tube digestif et de ses annexes (dyspepsie, gastralgie, hépatalgie, gastrite chronique, etc.); dans les maladies des reins et de la vessie ; dans certaines formes de rhumatisme chronique; dans bon nombre de maladies de la peau; à la suite de grandes perturbations physiques et morales, des fatigues et des excès en tout genre, des convalescences pénibles; en un mot, dans tous les cas où un affaiblissement général de l'organisme coïncide avec un excès de sensibilité locale ou une excitation anormale de tout le système nerveux.

Leur emploi est spécialement avantageux dans les nombreuses classe des maladies utérines, si communes à notre époque, si variées dans leur formes et leurs manifestations, se compliquant si souvent de symptômes généraux avec retentissement sur le système nerveux central ou périphérique. Les exemples de guérison de ces sortes de maladies sont extrêmement nombreux à Aix. Il ne se passe pas de saison où on n'en constate plusieurs cas; et ces faits s'observent fréquemment chez les femmes qui avaient déjà fait usage, sans succès, de diverses autres eaux minérales, d'un ou de plusieurs traitements hydrothérapiques.

Le local servant à l'exploitation renferme trente-cinq chambres destinées aux baigneurs, un vaste jardin, des salles de réunion, une galerie fermée chauffée naturellement par l'eau minérale et pouvant servir de promenoir pendant les jours froids, les jours de pluie, et pour les personnes qui ont à redouter l'air extérieur. Il possède vingt-six cabinets de bains avec baignoires en marbre blanc, dont quatre sont munies d'appareils de douches placés au-dessus des baignoires. On y trouve également trois cabinets de douches variées parfaitement installées, une salle d'inhalation et de pulvérisation, des bains et des douches de vapeur, des bains russes, une piscine de natation à eau courante, de 14 mètres de longueur sur 7 mètres de largeur. Enfin, il a été ajouté, depuis peu d'années, un outillage complet d'hydrothérapie.

Les diverses sources réunies débitent 376 mètres cubes d'eau par vingt-quatre heures, soit 264 par minute.

Ces eaux sont appelées par le peuple, *Mayne* du nom de *Guigon Mayne* qui au XVIme Siècle avait reconstruit les bains et auquel la ville avait loué un terrain moyennant l'acapte de deux poulets (droit d'entrée en jouissance du bail) et une cense annuelle de 4 florins payables a Saint-Michel.

Aujourd'hui la ferme de ces bains se paye 7,000 à la ville d'Aix ; le bail à venir de neuf années a élevé le prix à 8,000 fr.

Le jardin renferme un monument bien conservé, la tour de *Toureluco* (d'où on voit tout), c'est la dernière des 30 tours qui avec les remparts formaient la défense de la ville et dont le role fut grand pendant le siège que le duc d'Epernon fit de la ville d'Aix en 1594.

Cette tour a servi ensuite de magasin à poudre jusqu'à la construction de la poudrière actuelle sur la route de Marseille, aujourd'hui elle sert de réservoir pour l'eau de l'établissement des bains.

TABLE DES MATIÈRES

	pages		pages
Archives	50	Histoire politique d'Aix	1
Archevêché	65	Histoire religieuse	17
Antiquités	86	Halle aux Grains	51
Basilique Métropolitaine	55	Hôtel-de-Ville	52
Bibliothèque Méjanes	53	Hopital	68
Ecole du Sacré-Cœur	77	Hospices	69
Eglise des Oblats	44	Lycée	90
— de la Madeleine	45	Maisons historiques	42
— de St-Jean-de-Malte	79	Maitrise métropolitaine	68
— du St-Esprit	92	Musée	84
— de St-Jean Faubourg	95	Ordre religieux	36
Ecole d'Arts-et-Métiers	71	Palais de Justice	49
Ecole de Dessin	84	Prisons	50
Eaux thermales	96	Renseignements génér. Chemins de fer. - Voitures.- Hôtels. - Cafés, etc.	37
Fontaine monumentale	44		
— des Neufs-Canons	44		
— du Roi René	44	Voies de communication	39
— de la p. des Prêcheurs	48	Séminaire (grand)	70
— de la p. Hôtel-de-Ville	51	Séminaire (petit)	77
— des Quatre-Dauphins	90	Statues	41, 42, 52
— des Augustins	94	Synagogue	91
— d'Eau-Chaude	44	Tour de l'Horloge	55
Facultés de Théologie, de Droit et des Lettres	68	Temple protestant	91
		Topographie	45

PARAITRONT PROCHAINEMENT

La 2me partie de cet ouvrage contenant : les curiosités particulières, les maisons historiques, les hommes célèbres, mœurs, coutumes, usages, etc.

La 3me partie : Aix, sa fonction, ses organes et sa vie, documents statistiques et commerciaux, histoire intellectuelle, etc.

La 4me partie : excursions à Roquefavour, Puyricard, Entremonts, Sainte-Victoire, Sainte-Beaume, St-Marc, Tholonet, etc.

NOMS DES RUES

PLACES

COURS ET BOULEVARDS

ET LEURS ABOUTISSANTS

AVEC LA NOUVELLE DÉNOMINATION

Rues

A

Adanson, de la place de l'Archevêché à la rue Littéra.
Aigle-d'Or (de l'), de l'anc. chem. du Petit-Barthélemy à la cam-
Aigle-d'Or (traverse de l'), derrière la rue de ce nom.   [pague.
Ancienne-Magdeleine, de la rue des Gds-Carmes à celle des Gan-
Ange (de l'), (Voir rue de Brueys).   [tiers.
Annonciade (de l'), de la rue Verrerie à celle de l'Aumône-Vieille.
Annonerie-Vieille, les deux issues dans la rue Beauvezet.
Arpille (d'), de la rue Chastel à la rue Suffren.
Arts-et-Métiers (des), de la place des Prêcheurs à la porte St-Louis.
Aude, de la rue des Orfèvres à la rue Espariat.
Aumône-Vieille, de la rue des Tanneurs à celle de l'Annonciade.

B

Bagniers (des), de la place St-Honoré à la rue des Chapeliers.
Baratenque, de la place de la Poissonnerie à la rue Méjanes.
Barricade (traverse de la), de la rue des Bourras à celle de la Molle.
Beauvezet, ou Pureté, de la rue des Orfèvres à celle Espariat.
Bellegarde, (Voir rue Mignet).
Bellegarde (lice), de la porte de ce nom à la rue des Menudières.
Bernardines (des), de la rue des Tanneurs à la Lice-des-Cordeliers.
Bœuf (du), de la rue d'Italie à celle du Quatre-Septembre.
Bon-Pasteur (du), de la place de l'Université à la rue de la Treille.
Boucheries (des), (Voir rue Méjanes).
Bouéno-Carriéro, de la rue des Gantiers à celle des Chapeliers.
Boulegon, de la rue St-Laurent à celle Mignet.

Boulevard-St-Jean (du), de la rue de l'Opéra à la porte d'Italie.
Bourg-d'Arpille, (Voir rue Chastel).
Bourras (des), du cours Sextius au boulevard de la République.
Bouteilles (des), de la rue Méjanes à celle de Rifle-Rafle.
Bouteilles (traverse des) de la place Bellegarde à la maison Ste-Croix
Bras-d'Or (traverse du), du cours Sextius à celui de la Rotonde.
Bremondi, de la rue Grande-Horloge à celle de l'École.
Brueys (de), de la r. de la Couronne à la r. Lice-des-Cordeliers.
Bretons (des), de la rue Lacépède à celle de la Fonderie.
Buscaille, de la rue Boulegon à celle du Mouton.

C

Campra, de la rue du Séminaire à celle Littéra.
Cancel (du), de la rue des Cardeurs à celle du Bon-Pasteur.
Cardeurs (des), de la r. de la Grande-Horloge à la pl. des Fontettes.
Cardinale, de la rue d'Italie à la rue Lice-du-Cours.
Champs (des), de la rue Quatre-Septembre au boul. Roi-René.
Chapeliers (des), de la rue Méjanes s à celle Monclar.
Charetterie (de la), voir rue Félicien-David.
Chartreux (des), du boul. de la République à la rue des Bourras.
Chastel, de la rue Eméric-David à la rue Lice-St-Louis.
Chaudronniers (des), de la rue Sabatterie à celle Monclar.
Chaudronniers (ruelle des), de la r. de ce nom à celle des Bouteilles.
Cirque (du), du rond-point de la Rotonde à la campagne.
Cirque (traverse du), de la rue de ce nom à la campagne.
Collége (du), (Voir rue Manuel)
Cordeliers (des), de la porte de ce nom à la pl. de l'Hôtel-de-Ville.
Cordeliers (lice des), de la porte de ce nom à celle Villeverte.
Couronne (de la), de la rue Espariat à celle des Tanneurs.
Cours (lice du), de la porte du Cours à la rue Cardinale.
Courteissade, de la rue Nazareth à celle de la Masse.
Croix-Jaune (de la), de la rue Grande-Horloge à celle St-Antoine.

D

Droite-Notre-Dame, (Voir rue Jacques-de-La-Roque).

E

École (de l'), de la rue du Bon-Pasteur à celle du Plan.
Eméric-David, de la place du Palais à celle Plate-Forme.
Épinaux (des), de la pl. des Trois-Ormeaux à la rue du Mouton.
Espariat, de la place St-Honoré à la porte des Augustins.

Esquicho-Coudé, de la rue Campra à celle de la Croix-Jaune.
Étuves (des), de la rue du Bon-Pasteur à celle des Guerriers.
Eyguesiers (impasse des), dans la rue Campra.

F

Fermée, de la rue des Tanneurs à la rue Lice-des-Cordeliers.
Félicien David, de la rue Chastel à celle La Cépède.
Fonderie (de la), de la place Plate-Forme à la porte St-Louis.
Fontaine (de la), de la rue Villeverte à celle de Brueys.
Frucherie (Voir rue Vauvenargues).

G

Gallet-Cantant (impasse du), hors la porte Plate-Forme.
Ganay, de la rue Thiers à celle Emeric-David.
Gantiers (des), de la place du Palais à celle St-Honoré.
Glacière (de la), de la rue Aude à celle des Chapeliers.
Gondraux, de la rue St-Laurent à celle de la Louvière.
Goyrand, de la rue du Quatre-Septembre à celle St-Lazare.
Grand-Boulevard, (Voir rue Eméric-David).
Grande-Horloge, de la pl. de l'Hôtel-de-Ville à celle de l'Université.
Grande-St-Esprit, (Voir rue Espariat).
Grands-Carmes (des), du Cours à la place St-Honoré.
Granet, de la rue St-Laurent à celle Rifle-Rafle.
Griffon (du), de la rue St-Laurent à celle Campra.
Guerre (de la), du cours Sextius à la rue de la Paix.
Guerriers (des), de la rue Bon-Pasteur à celle Riquière.

H

Houstaous-Noous (passa. des), de la r. B.-St-Jean à c. P.-St-Esprit.

I

Isolette, de la rue Espariat à celle des Tanneurs.
Italie (d'), de la porte de ce nom à la place des Carmélites.

J

Jacques-de-La-Roque, de la pl. de l'Université à la p. Notre-Dame.
Jardins (des), de la rue de l'Opéra à celle Fonderie.
Jardins (ruelle des), de la rue de ce nom à celle de la Fonderie.
Jouques (de), de la place de l'Université à la rue des Nobles.

L

La Cépède, de la place des Carmélites à la porte St-Louis.
Littéra, de la rue Grande-Horloge à celle Campra.
Loubets (des), de la rue du Séminaire à la rue Lice-Bellegarde.
Louvière (de la), de la rue St-Laurent à celle Esquicho-Coudé.
Louvre (du), de la place des Carmélites au boul. Plate-Forme.

M

Magnans (des), de la rue des Cordeliers à celle de l'Annonciade.
Manuel, de la place des Prêcheurs à la rue de la Fonderie.
Marchands (des), de la place aux Herbes à la rue Ste-Claire.
Marseillais (des), de la place aux Herbes à la rue du Pont.
Masse (de la), du Cours à la rue Espariat.
Matheron, de la place des Trois-Ormeaux à la rue du Séminaire.
Mazarine, de la rue de la Monnaie à l'avenue de la Gare.
Méjanes, de la place aux Herbes à la rue des Chapeliers.
Ménudières (des), de la porte Notre-Dame à la rue du Séminaire.
Mignet, de la porte Bellegarde à la place des Prêcheurs.
Miséricorde, du Cours à la place St-Honoré.
Molle (de la), du cours Sextius à la rue de la Barricade.
Monclar, de la place du Palais à la rue Bouéno-Carriéro.
Monnaie (de la), du Cours au boulevard du Roi-René.
Mont-Perrin (du), de la rue du Cirque au Mont-Perrin.
Mouton (du), de la rue Mignet à celle Matheron.
Mule-Noire (de la), de la rue Lacépède à la place Plate-Forme.
Muletiers (des), de la place des Fontettes à la rue de la Treille.

N

Nazareth, du Cours à la rue Espariat.
Nobles (des), de la rue Jacques-de-la-Roque à celle Riquière.
Notre-Dame (traverse), du boulevard Notre-Dame à la campagne.
Nouestré-Seigné, de la rue St-Sébastien à celle de la Treille.

O

Official (de l'), voir rue Aude.
Opéra (de l'), de la place des Carmélites à celle Plate-Forme.
Orfèvres (des), de la place de l'Hôtel-de-Ville à la rue Aude.

P

Paix (de la), de la rue Vanloo à celle des Bourras.
Papassaudi, de la place St-Honoré à la rue Espariat.
Pénitents-Noirs (des), de la rue des Tanneurs à la r. des Muletiers.
Petit-Barthélemy (trav. du), du cours des Minimes à la campagne.
Petite-des-Carmes, de la rue des Gantiers à celle Petit-St-Jean.
Petite-St-Esprit, de la rue du roi à celle du Boulevard-St-Jean.
Petite-St-Jean, de la place du Palais à la rue Tournefort.
Peyresc, de la place des Prêcheurs à la rue Rifle-Rafle.
Place-St-Antoine, de la r. Beauvezet à celle de l'Aumône-Vieille.
Plan (du), de la rue Grande-Horloge à celle de l'École.
Pont (du), de la rue des Cordeliers à celle Verrerie.
Pont-Moreau, (actuellement rue Thiers), de la place des Prêcheurs à celle des Carmélites.
Porte-Peinte, (Voir rue Campra).
Porte-St-Louis (Voir rue des Arts-et-Métiers)..
Puits-d'Anterre (impasse du), dans la rue du Pont.
Puits-Juif (du), de la rue Granet à celle Ste-Croix.
Puits-Neuf (du), de la rue du Séminaire à la porte Bellegarde.

Q

Quatre-Dauphins (des), (Voir rue du Quatre-Septembre).
Quatre-Septembre (du), du Cours à la porte d'Orbitelle

R

Rifle-Rafle, de la rue Granet à la place des Prêcheurs.
Riquière, de la rue des Guerriers à celle des Nobles.
Roi (du), de la rue d'Italie à celle Boulevard-St-Jean.
Roumette (impasse de la), dans la rue des Pénitents-Noirs.
Roux-Alphéran, de la rue d'Italie à celle du Quatre-Septembre.

S

Sabatterie, de la rue des Orfèvres à celle des Chaudronniers.
Séminaire (du), de la rue Matheron au boulevard Notre-Dame.
St-Antoine, de la rue du Griffon à celle de la Croix-Jaune.
St-Henry, de la rue du Puits-Neuf à la rue Lice-Bellegarde.
St-Hippolyte, de la rue Vanloo à celle de la Guerre.
St-Jacques, du Cours à la rue Cardinale.
St-Jean (lice), de la porte d'Italie à la rue du Louvre.

St-Jérome (traverse), du cours d'Orbitelle à la campagne.
St-Joseph, de la rue Boulevard-St-Jean à la rue Lice-St-Jean.
St-Laurent, de la place de l'Hôtel-de-Ville à la rue Boulegon.
St-Lazare, du Cours à la rue Lice-du-Cours.
St-Louis (lice), de la rue Suffren à la porte Bellegarde.
St-Louis (impasse) ou impasse Beaufort, boulevard St-Louis.
St-Michel, (Voir rue Goyrand).
St-Sébastien, de la place des Fontettes à la rue Bon-Pasteur.
St-Pierre (traverse de), du cours Ste-Anne au Cimetière.
Ste-Baume, de la rue des Tanneurs à la rue Lice-des-Cordeliers.
Ste-Claire, de la rue des Marchands à la place des Trois-Ormeaux.
St-Claude, de la rue Cardinale à la rue des Champs.
Ste-Croix, de la rue Ste-Claire à celle St-Laurent.
Suffren, de la rue Mignet à la porte St-Louis.
Sylvacanne, du boulevard Notre-Dame à la campagne.

T

Tanneurs (des), de la r. des Pénitents-Noirs à la rue Espariat.
Thiers (voir rue *Pont-Moreau*).
Tournefort, du Cours à la rue Thiers.
Treille (de la), de la porte des Cordeliers à la rue Bon-Pasteur.
Trésor (du), du Cours à la rue Espariat.
Trois-Ormeaux (des), de la place de ce nom à celle des Prêcheurs.

V

Vanloo, du cours Sextius à la rue des Bourras.
Vauvenargues, de la rue Sabbaterie à la place de l'Hôtel-de-Ville.
Vauvenargues (traverse), de la r. Félicien-David à celle La Cépède
Vendôme, du cours Sextius à la rue des Bourras.
Venel, de la rue Verrerie à celle Bon-Pasteur.
Verrerie, de la rue Venel à celle Beauvezet.
Villeverte, de la porte de ce nom à la place des Augustins.
Villeverte (lice), de la porte de ce nom à celle des Augustins.
Vivaut, de la rue Verrerie à la place des Fontettes.

NOTA. — Outre les cinq impasses dont les noms se trouvent dans la liste ci-dessus, il en existe sans nom particulier dans les rues Boulegon, des Chartreux, des Cordeliers, Jacques-de-la-Roque, l'École, Granet (deux), du Louvre, Rifle-Rafle et cours Ste-Anne, ce qui porte le nombre à quinze.

Cours

Cours Mirabeau, du rond-point de la Rotonde à la p. des Carmél.
Hôpital (de l'), de la porte Notre-Dame à l'Hôpital.
Minimes (des), (Voir boulevard de la République).
Orbitelle (d'), de la porte de ce nom aux vielles boucheries.
Rotonde (de la), de la place de ce nom à la route de Marseille.
Ste-Anne, de la porte d'Italie à la route du même nom.
St-Louis, de la porte de ce nom au couvent des Hospitalières.
Sextius, du cours des Minimes au boulevard Notre-Dame.
Trinité (de la), de la place Bellegarde au couvent des Capucins.

Boulevards

Gare (avenue de la), de la place de la Rotonde à la gare des voya.
Notre-Dame, de la porte Bellegarde au cours Sextius.
Plate-Forme, de la porte St-Louis à la porte d'Italie.
République (de la), de la pl. de la Rotonde à la route d'Avignon.
Roi-René (du), de la porte d'Italie à celle du Cours.
St-Louis, de la porte de ce nom à celle Bellegarde.
Vauvenargues (chemin de), entre le boul. Zola et le c. St-Louis.
Zola [François], de la porte Bellegarde à la route des Alpes.

Places

Albertas (d'), dans la rue Espariat.
Archevêché (de l'), entre les rues Grande-Horloge et Adanson.
Augustins (des), entre les rues Espariat, Villeverte et de la Couronne.
Bellegarde, hors la porte de ce nom.
Carmélites (des), entre le Cours et les rues d'Italie, du Louvre, de l'Opéra, Lacépède et Thiers.
Culotterie (de la), entre les rues de l'Aumône-Vieille, des Tanneurs, de la Couronne, Brueys, Fermée, Ste-Beaume et des Pénitents-Noirs.
Église-St-Jean (de l'), dans la rue Cardinale.
Fontettes (des), entre les rues des Cardeurs, Vivaut, des Muletiers et St-Sébastien.

Herbes (aux), entre les rues des Orfèvres, des Marseillais, de Marchands, Méjanes et la place de la Poissonnerie.
Hôtel-de-Ville (de l'), entre les rues Gde-Horloge, St-Laurent Vauvenargues, des Orfèvres et des Cordeliers.
Maronniers (des), à l'extrémité inférieure du Cours Mirabeau.
Palais-de-Justice (du), entre la place des Prêcheurs et les rues Emeric-David, Thiers, Petit-St-Jean, des Gantiers et Monclar.
Plate-Forme, à la porte de ce nom.
Prêcheurs (des), entre la pl. du Palais et les r. Peyresc, Rifle-Rafle, des Trois-Ormeaux, Mignet, Arts-et-Métiers et Manuel.
Poissonnerie (de la), entre la place aux Herbes et les rues de la Baratenque et Sabatterie.
Quatre-Dauphins (des), entre la rue du Quatre-Septembre et la [rue Cardinale.
Rotonde (de la), hors la porte du Cours.
St-Antoine, voir rue de la Place-St-Antoine.
St-Honoré, entre les rues Miséricorde, Papassaudi, Espariat, des Bagniers, des Gantiers et des Grands-Carmes.
Trois-Ormeaux (des), entre la rue de ce nom et celles des Épinaux, Matheron et Ste-Claire.
Université (de l'), entre les rues Gde-Horloge, Bon-Pasteur, de Jouques et Jacques-de-la-Roque.

Division de la Ville en deux Cantons

Le Nord de la ville comprend toute la partie à droite en montant de la porte Orbitelle à la porte Notre-Dame, passant par les rues Miséricorde, Bagniers, Méjanes, Grand'Horloge. Le Sud comprend toute la partie à gauche.

La route d'Italie et de Paris sépare la campagne ; tout ce qui est à droite en venant d'Italie, depuis St-Marc-de-l'Arc jusqu'à St-Cannat, en passant par la cheminée du roi René, est du Nord, et tout ce qui est à gauche est du Sud. Toute la partie du faubourg Sextius, à droite de la route de Paris et qui ne touche pas les murs de la ville, est du canton Nord.

EN VENTE A LA LIBRAIRIE A. MAKAIRE

LA MAITRISE MÉTROPOLITAINE D'AIX, son histoire par l'abbé E. Marbot, vicaire général, grand chantre de la Métropole.

Table des matières. — La Maitrise et l'OEuvre de Saint-Maximin ; l'enseignement artistique de la Maitrise ; histoire de la Maitrise de son origine au XVme Siècle ; de 1400 à 1580 (les orgues, le roi René, etc.) ; de 1580 à 1720 (discipline de la maison, le chœur, les succès, etc.) ; Peste de 1720 ; de 1720 à la Révolution ; de la Révolution à la République de 1870.

1 vol. in-12. Prix : 2 fr.

NOS MADONES ou le culte de la Sainte Vierge dans le Diocèse d'Aix, par l'abbé E. Marbot, vicaire général.

Division de l'ouvrage. — Le culte des Madones ; le culte de Marie dans le Diocèse ; N.-D. de la Seds, d'Espérance, de Grâce et les autres Vierges d'Aix ; N.-D. des Anges à Mimet ; N.-D. d'Espérance à Bouc-Albertas ; N.-D. de Vie à Vitrolles ; N.-D. de Cadérot à Berre ; N.-D. de Pitié à Marignane ; N.-D. du Rouet à Carry ; N.-D. de Miséricorde à Martigues ; N.-D. de la Mer aux Saintes-Maries ; N.-D. de Grâce de la Major, les autres Vierges d'Arles ; N.-D. du Chateau, du Bon-Remède, les autres Vierges de Tarascon ; N.-D. de Pitié à Noves ; N.-D. de Vaquière à Noves ; N.-D. de Beauregard à Orgon ; N.-D. des Tours à Peyrolles ; N.-D. de Consolation à Jouques ; N.-D. de Bon-Voyage à Sénas ; N.-D. du Bon-Voyage à Salon ; N.-D. de Vie à Saint-Cannat ; la ville aux mille Vierges (Vierges des rues d'Aix) ; l'unité dans la vérité.

1 vol. in-12. Prix : 2 fr. 50. Cartonné, 3 fr.

NOTICE de la Galerie de Tableaux, Dessins et Objets divers, donnés à la Ville par M. Bourguignon-de-Fabregoules, rédigé par H. Gibert, conservateur du Musée.

1 Vol. in-12. Prix : 1 fr. 50

EN VENTE A LA LIBRAIRIE A. MAKAIRE

CATALOGUE

DU

MUSÉE D'AIX

PAR

HONORÉ GIBERT

Directeur de l'Ecole spéciale de Dessin
Conservateur du Musée

Un volume petit in-8· compacte de 660 pages, comprenant les *Monuments archéologiques, les Sculptures et les Objets de Curiosité,* avec leur signification, leur description détaillée, ainsi que les renseignements historiques et bibliographiques qui s'y rapportent.

Prix : 4 francs

Pour recevoir franco, ajouter 75 cent., à cause de la grosseur du volume.

APERÇU SOMMAIRE DES MATIÈRES

Plan du Musée, – Bibliographie qui l'intéresse, son histoire. – *Egyptologie,* stèles funéraires de différentes dynasties, avec l'interprétation littérale des textes, etc. – *Epigraphie grecque.* Inscriptions votives, tumulaires, etc. – *Epigraphie latine.* Edit de Dioclétien sur le maximum, autres inscriptions publiques, inscriptions votives et funéraires, marques de potiers, etc. – *Epigraphie moderne,* XIVe, XVe et XVIIe siècle. – *Epigraphie orientale.* Inscriptions arabes et hébraïques, imprimées en caractères propres. – *Sculpture antique,* grecque et romaine, mosaïques, moulages, etc. – *Sculptures de l'Ecole française.* Anonymes et artistes connus. – *Id. des Ecoles d'Italie.* – *Id. des Ecoles flamandes ou inconnues.* – *Art décoratif sculptural,* à partir du Moyen-Age. – *Bronzes,* Iconographie et ustensiles depuis l'antiquité jusqu'aux temps modernes. – *Repoussés, dinanderie, ferronnerie, armes.* – *Céramique* antique et moderne. – *Emaux, vitraux, ivoires, bois.* – *Objets divers* antiques et modernes. – *Meubles.* – *Médailles historiques et sceaux.* – *Supplément.* – Table des articles, Table iconographique, Table analytique.

www.ingramcontent.com/pod-product-compliance
Lightning Source LLC
Chambersburg PA
CBHW070523100426
42743CB00010B/1933